Cate • Besenhofer

Krankheiten, Schädlinge und Nützlinge im
Getreide- und Maisbau

Dr. Peter Cate

Dipl.-Ing. Gottfried Besenhofer

Bildnachweis: s. S. 172

Impressum:

© 2009 Österreichischer Agrarverlag
Auflage 2017
Druck- und Verlagsges.m.b.H. Nfg. KG
Sturzgasse 1A, A-1141 Wien
www.avbuch.at

Deutsche Nationalbibliothek – CIP-Einheitsaufnahme
Die Deutsche Nationalbibliothek verzeichnet diese Publikation in der Deutschen Nationalbibliografie; detaillierte bibliografische Daten sind im Internet
über http://dnb.ddb.de abrufbar.

Projektleitung: Alexandra Mlakar, avBUCH
Lektorat: Barbara P. Meister, gartenakademie.com
Grafische Gestaltung und Satz: Hantsch & Jesch PrePress Services OG, Wien
Druck und Bindung: Graspo CZ, a.s., Tschechische Republik,
www.graspo.com
Printed in Czech Republic

ISBN 978-3-7040-2364-3

Inhalt

Krankheiten **36**

Schädlinge 108

Anhang 161

Vorwort

Seit dem Erscheinen der 1. Auflage dieser Beratungsschrift im Jahr 1990 haben sich im Getreide- und Maisanbau teilweise gravierende Änderungen in den Rahmenbedingungen ergeben. Die Erzeugerpreisabsenkung mit dem EU-Beitritt führte zu einem starken Kostendruck mit steigenden Getreideanteilen in den Fruchtfolgen und einem verstärktem Einsatz von konservierenden Bodenbearbeitungsverfahren. Gleichzeitig nimmt das Umweltbewusstsein der Bevölkerung zu und die Ansprüche der Konsumenten an die innere und äußere Qualität des Nahrungsmittels Getreide steigen.

Der integrierte Pflanzenschutz wird durch die vorbeugende Schadensverhütung daher in Zukunft eine noch stärkere Bedeutung erlangen. Voraussetzung bei der Umsetzung des integrierten Pflanzenschutzes ist eine schnelle und zuverlässige Diagnose von Schadsymptomen und das Wissen um Lebensweise und Vermehrungsbedingungen des jeweiligen Schaderregers.

Diese Broschüre soll Hilfestellung bei der Diagnose von Schaderregern bieten und Entscheidungsgrundlagen für optimale Vorbeuge- und Gegenmaßnahmen geben.

Bei den Hinweisen zum Pflanzenschutz stehen vorbeugende Maßnahmen und Behandlungsstrategien im Vordergrund. Auf die Nennung einzelner Präparate oder Wirkstoffe wurde bewusst verzichtet, da das Angebot an Pflanzenschutzmitteln einem steten Wandel unterlegen ist und derartige Informationen in einem Buch bereits bald wieder unaktuell wären. Die angeführten Schaderreger sind nach Bekämpfungsgruppen bzw. nach dem Auftreten der Schädigung im Jahresablauf gegliedert. In diesem Rahmen ist es nicht möglich, alle auftretenden Krankheits- und Schaderreger erschöpfend zu behandeln.

Die vorliegende Beratungsschrift wendet sich an Landwirte, Berater und Schüler an landwirtschaftlichen Fachschulen. Für eine eingehende Beschäftigung mit Detailfragen des Pflanzenschutzes sind im Anhang Literaturangaben angeführt, um auch den Studierenden an Universitäten eine spezielle Literaturrecherche zu vereinfachen.

Wien, im Sommer 2009   *Die Autoren*

Einleitung

Getreide und Mais sind vom Anbau bis zur Ernte einer Vielzahl von Schadfaktoren ausgesetzt, insbesondere der Einwirkung von Krankheitserregern und Schädlingen, die eine Minderung des Ertrages und der Erntequalität verursachen können.

Das Ausmaß des ausgelösten Schadens reicht von geringen Ertragsverlusten bis zum totalen Ernteausfall. Beispielsweise kann starker Befall mit dem Gelbverzwergungsvirus oder dem Getreidelaufkäfer einen Umbruch der Getreideflächen notwendig machen; Ähren- und Kolbenfusariosebefall führt durch die Anreicherung von Mykotoxinen im Erntegut zu Problemen mit der Erntequalität. Stark mit Mykotoxinen verunreinigtes Erntegut ist nicht mehr für Konsum- und Futterzwecke verwendbar. Getreidewanzen können die Backfähigkeit des Getreidemehls stark beeinträchtigen.

Durch den zunehmend höheren Getreideanteil in den Fruchtfolgen und durch den vermehrten Einsatz von konservierenden Bodenbearbeitungsverfahren steigt die potenzielle Gefahr eines vermehrten Krankheits- und Schädlingsauftretens. Gerade aber durch die immer stärker auseinanderklaffende Schere der Kosten für Produktionsmittel einerseits und der Erzeugerpreise andererseits kommt vorbeugenden Maßnahmen zur Verminderung der Schadenswahrscheinlichkeit eine erhöhte Bedeutung zu.

Unter diesem Gesichtspunkt muss der Pflanzenschutz immer mehr in das Konzept eines umfassenden Umweltschutzcs und eines breiten Umweltbewusstseins eingeordnet werden. Bei Aufrechterhaltung eines hohen Produktionsstandards (einwandfreie Qualität, hohe Ertragssicherheit, Kostenoptimierung) erfahren alle vorbeugenden Maßnahmen zur Verminderung der Schadenswahrscheinlichkeit eine primäre Bedeutung. Im Sinne des integrierten Pflanzenschutzes erfolgt die Anwendung von Pflanzenschutzmitteln unter der Prämisse, dass alle anderen verfügbaren Maßnahmensetzungen keinen ausreichenden Schutz der Nutzpflanzen gewähren.

Grundlage für die Realisierung des integrierten Pflanzenschutzes ist ein solides Wissen über Erkennung und Biologie der Schadenserreger (Krankheiten und Schädlinge) sowie eine schlagbezogene Einschätzung einer Befalls- und Gefahrensituation.

Der integrierte Pflanzenschutz

Der Grundgedanke des integrierten Pflanzenschutzes ist, alle nicht chemischen, vornehmlich biologischen, pflanzenzüchterischen sowie anbau- und kulturtechnischen Maßnahmen zur Abwendung von Schäden auszuschöpfen, bevor man zu Pflanzenschutzmitteln greifen muss. Dazu zählen insbesondere Fruchtwechsel, Bodenbearbeitung, Sortenwahl und eine sorgfältige Kulturführung. Auch beim Einsatz unbedingt notwendiger Pflanzenschutzmittel ist das Prinzip der Angemessenheit unter Berücksichtigung von Selektivität, Anwender- und Umweltschutz sowie Nützlingsschonung anzuwenden.

Die FAO (Ernährungs- und Landwirtschaftsorganisation der Vereinten Nationen) und die IOBC (Internationale Organisation für biologische Schädlingsbekämpfung) definieren integrierten Pflanzenschutz folgendermaßen: „Integrierter Pflanzenschutz" ist ein Verfahren, bei dem alle wirtschaftlich, ökologisch und toxikologisch vertretbaren Methoden anzuwenden sind, um Schadorganismen unter der wirtschaftlichen Schadensschwelle zu halten, wobei die bewusste Ausnützung natürlicher Regel- und Begrenzungsfaktoren im Vordergrund steht.

In der Definition verdient der Begriff der wirtschaftlichen Schadensschwelle besondere Beachtung. Denn nicht jedes Auftreten von Schadorganismen (Schädlinge, Krankheiten oder Unkräuter) bedarf den Einsatz von Pflanzenschutzmitteln. Erst wenn der zu erwartende wirtschaftliche Verlust durch den Schaden höher ist als die Kosten der Gegenmaßnahmen, wird die wirtschaftliche Schadensschwelle überschritten und die Bekämpfung rentabel. Daher ist die Kenntnis der wirtschaftlichen Schadensschwellen bei Schadorganismen eine Voraussetzung für den integrierten Pflanzenschutz.

Damit eng verbunden ist die ständige und genaue Überwachung des Krankheits- und Schädlingsauftretens, die Hand in Hand mit der Kontrolle der Bestandsentwicklung durchgeführt wird. Neben dem Einsatz von Fangschalen, Farbfallen oder Pheromonfallen haben sorgfältige visuelle Kontrollen eine große Bedeutung und sollten regelmäßig und gewissenhaft durchgeführt werden.

Eine schematische Übersicht über die Struktur des integrierten Pflanzenschutzes ist aus folgender Darstellung zu ersehen:

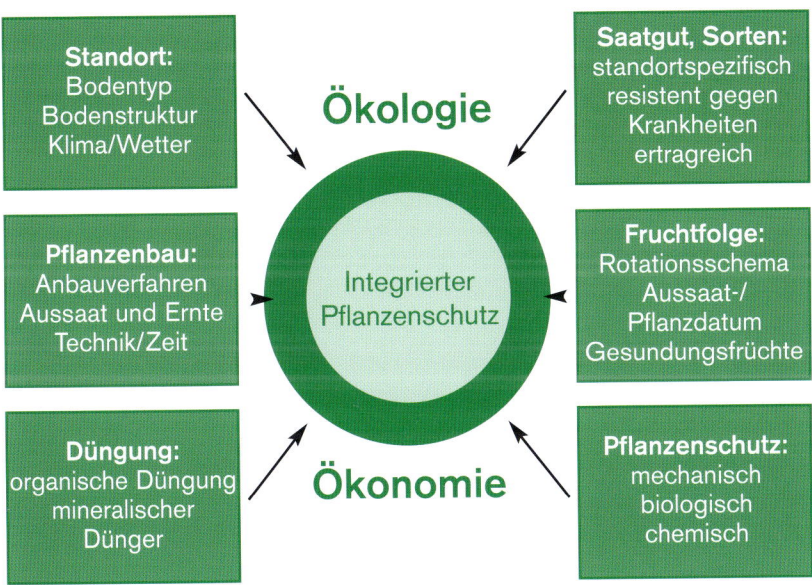

Struktur des integrierten Pflanzenschutzes

Pflanzenbauliche und kulturtechnische Maßnahmen (pflanzenhygienische Maßnahmen)

Diese Maßnahmen zielen darauf ab, eine kräftige und widerstandsfähige Pflanzenentwicklung zu gewährleisten sowie die Infektionsgefahr herabzusetzen bzw. zu beseitigen.

1. Bodenbearbeitung

Sie soll die Zersetzung infizierter Pflanzenrückstände fördern und ein optimales Saatbett herstellen. Das wird erreicht durch eine flache Stoppelbearbeitung und eine im Idealfall wendende Bodenbearbeitung vor dem Anbau der Folgefrucht. Die mischende und wendende Bodenbearbeitung mit der Zielsetzung eines sauberen Saatbettes ist eine grundlegende Pflanzenschutzmaßnahme zur Herabsetzung der Infektionsgefahr.

Konservierende Bodenbearbeitungsverfahren (Minimalbodenbearbeitung) sind gekennzeichnet durch den Verzicht auf wendende Bodenbearbeitung (Pflug) und durch den Verbleib von Ernterückständen an der Bodenoberfläche.

Krankheiten, die in einer sogenannten saprophytischen Phase auf Stoppel- und Strohresten überdauern können, werden durch nicht wendende Bodenbearbeitung im Allgemeinen begünstigt. Solche Krankheiten treten in der Folgefrucht, sofern es sich um eine Wirtspflanze des jeweiligen Schaderregers handelt, oder auch auf benachbarten Flächen mit Wirtspflanzen verstärkt auf. Die Fruchtfolge spielt durch den Wegfall der Pflugfurche neben den Witterungsbedingungen die entscheidende Rolle. So ist z. B. der Anbau von Weizen nach Mais ohne Pflugfurche in Hinblick auf die Mykotoxinproblematik (Ährenfusariose) besonders kritisch zu sehen.

Einen weiteren großen Stellenwert erhält die Bodenbearbeitung durch die Beseitigung von Ausfallgetreide und Unkräutern, die als sogenannte „Grüne Brücke" einer Reihe von Schaderregern zur Überdauerung dienen.

Größere Bodenschädlinge (Engerlinge, Erdraupen, Maulwurfsgrillen), deren chemische Bekämpfung mit hohen Kosten verbunden wäre, können durch intensive Bodenbearbeitung, insbesondere mit Pflug, Scheibenegge und ähnlichen Geräten mit ausreichender Arbeitstiefe, stark dezimiert werden.

Schädlinge, die in den Stoppeln oder im Stroh überwintern, können durch rechtzeitigen Stoppelsturz und durch Beseitigung der Strohreste sehr wirksam bekämpft werden, allerdings nur dann, wenn die Maßnahmen in einem größeren Gebiet von allen Landwirten lückenlos durchgeführt werden (Maiszünsler, Getreidehalmwespe, Rote Weizengallmücke, Sattelmücke).

2. Fruchtfolge

Durch eine gezielte zeitliche Aufeinanderfolge verschiedener Feldfrüchte kann die Gefährdung durch Krankheiten und Schädlinge – insbesondere durch sogenannte Fruchtfolgekrankheiten wie z. B. der Halmbruchkrankheit des Getreides – vermindert werden. Durch hohe Getreide- bzw. Maisanteile in den Fruchtfolgen werden viele Schädlinge stark begünstigt (Getreidewickler, Getreidethrips, Getreidelaufkäfer, Fritfliege, Maiswurzelbohrer), andere Schädlinge kommen so überhaupt in die Lage, in schädlichem Ausmaß aufzutreten (Nematoden).

Der zeitliche Abstand, welcher zwischen den einzelnen Früchten oder Fruchtfolgegliedern (gruppenweise Zusammenfassung von Kulturarten mit gleicher Empfindlichkeit) eingehalten werden sollte, die von den gleichen, insbesondere bodenbürtigen Schaderregern befallen werden, ist von folgenden Faktorenkomplexen abhängig:

* der Überdauerungsfähigkeit der Schaderreger,
* der Populationsdichte und Vermehrungsfähigkeit der Schaderreger,
* den Möglichkeiten zur Verminderung oder Ausschaltung der Schaderreger,
* der relativen Empfindlichkeit der anzubauenden Fruchtart gegenüber dem Schaderreger.

Die Überdauerungsfähigkeit der Schaderreger im Boden ist sowohl von deren Eigenschaften selbst als auch von einer Vielzahl biotischer und abiotischer Faktoren abhängig. Einen besonderen Stellenwert hat hier auch die Art der Bodenbearbeitung.

	NACHFRUCHT													
VORFRUCHT	Roggen	Weizen	Wintergerste	Sommergerste	Hafer	Mais	Kartoffel	Zuckerrübe	Raps	Erbse	Ackerbohne	Sojabohne	Sonnenblume	Klee
Roggen	M	M_D	M_D	M_D	M_D	M	M	M	M	M	M	M	M	M
Weizen	M	U_H	M	M	M	M	M	M	M	M	M	M	M	M
Wintergerste	M_D	U_H	U_H	U_H	M	M	M	M	G	M	M	M	M	M
Sommergerste	M	U_H	U_H	U_H	U	M	M	M	M	M	M	M	M	M
Hafer	M	G	M	U	U	U	U	U	M	M	M	M	M	M
Mais	(M)	M	(M)	M	U	M	M	M	U	M	M	M	M	M
Kartoffel	G	G	G	M	M	M	U	U	M	M	M	M	M	M
Zuckerrübe	M	M	M	M	M	M	U	U	U	M	M	M	M	M
Raps	G	G	G	M	M	U	M	U	U	M	M	M	U_4	U
Erbse	G	G	G	M_A	M_A	M_A	M_A	M_A	G	U_4	U_4	U_4	M_A	U_4
Ackerbohne	G	G	G	M_A	M_A	M_A	M_A	M_A	G	U_4	U_4	U_4	M_A	U
Sojabohne	(M)	G	(M)	M_A	M_A	M_A	M_A	M_A	U	U_4	U_4	M	M	U
Sonnenblume	(M)	G	(M)	M	M	M	M	M	U	(M)	(M)	U	U_5	U
Klee	M	G	G	G	G	G	G	U	U	U	U	U	U	U
Stilllegung	G	G	G	M	M	M	M	U	U	U	U	U	U	U

G	günstig	D	Durchwuchsgefahr bei Vermehrungen	
M	möglich	A	Gefahr der Nitratverlagerung	
(M)	eingeschränkt möglich	H	Halmbruchgefahr	
U	ungünstig/nicht möglich	3/4/5	notwendiger Anbauabstand in Jahren	

Tabelle 1: Schadensgefahren in der Fruchtfolge

Kulturartenverhältnis

Darunter versteht man den prozentuellen Anteil einer Kulturart (z. B. Weizen, Mais u. a.) in einem begrenzten Anbaugebiet. Je höher der Anteil einer Kulturart in einem Anbaugebiet ist, desto höher ist für diese Kulturart die Gefährdung durch Krankheiten und Schädlinge. Eine gewisse Gefahrenminderung ist vor allem gegenüber Krankheitserregern durch den Anbau von mehreren Sorten zu erreichen (Sortendiversifikation).

Die kritische Grenze liegt etwa bei 15 bis 20 % Anteil. Bei Kulturarten gleicher Empfindlichkeit gegenüber denselben Krankheitserregern müssen diese Kulturarten gemeinsam hinsichtlich der Verseuchungsgefährdung betrachtet werden.

3. Unkrautbekämpfung

Da viele Schaderreger (Krankheiten und Schädlinge) ihre Entwicklung auch an verschiedenen Ungräsern und Unkräutern vollziehen können, kommt der sorgfältigen Unkrautbekämpfung eine besondere Bedeutung zu. So ist die Bekämpfung der Quecke in Gebieten mit stärkerem Auftreten von Sattelmücke, Fritfliege oder Brachfliege empfehlenswert, ebenso jene des Flughafers dort, wo Hafernematoden verstärkt vorkommen. An Ausfallgetreide finden Getreidelaufkäfer und Getreidehalmfliege die ersten günstigen Nahrungsbedingungen.

4. Düngung

Die Erhaltung einer optimalen Humusbilanz durch organische Düngung (Wirtschaftsdünger, Gründüngung, Strohdüngung) unterstützt neben verschiedenen physikalischen Wirkungen (z. B. Bodenstruktur, Wasserhaushalt) auch die mikrobielle Aktivität des Bodens und fördert somit den Abbau von bodenbürtigen Krankheitserregern (antiphytopathogenes Potenzial).
Die mineralische Düngung entfaltet Nebenwirkungen, die das Krankheitsauftreten sowohl in positiver als auch in negativer Hinsicht beeinflussen können. Durch eine optimale Versorgung mit Nährstoffen wird eine bessere Widerstandsfähigkeit der Pflanzen erreicht als durch Mangel und Überschuss eines bestimmten Nährstoffes. Es liegen vielfältige Wechselwirkungen zwischen den Haupt- und Spurenelementen vor, grundsätzlich gilt für die wichtigsten Mineralstoffe:
Übermäßige Stickstoffversorgung erhöht die Anfälligkeit gegenüber Schaderregern, gute Versorgung mit Kalium und Phosphor bei gleichzeitiger ausreichender Versorgung mit anderen Nährstoffen vermindert die Anfälligkeit.

5. Saatgut

Von den wirtschaftlich bedeutenden Getreidekrankheiten werden einige ausschließlich über das Saatgut übertragen, bei einigen Krankheitserregern kann die Erstinfektion über infiziertes Saatgut erfolgen. Mit der Aussaat von gesundem Saatgut legt man daher den Grundstein für die Etablierung eines gesunden und leistungsfähigen Pflanzenbestandes.

6. Anbautermin

Grundsätzlich ist der nach pflanzenbaulichen Grundsätzen gewählte Anbautermin auch gegen Krankheits- und Schädlingsbefall am günstigsten. Zu frühe Anbautermine im Herbst begünstigen zahlreiche Krankheitserreger und Schädlinge, wie z. B. Halmbruch, Schwarzbeinigkeit, Roste und Gelbverzwergung.
Unter gewissen Umständen kann auch eine Abweichung vom pflanzenbaulich optimalen Termin zur Eindämmung von gewissen Schädlingen sinnvoll sein (Halmfliegen, Fritfliege, Blattläuse als Überträger der Gelbverzwergung).

7. Sortenwahl – standortgerechter Pflanzenbau

Mitentscheidend für den Erfolg im Pflanzenbau ist der Anbau von an den Standort angepassten Sorten. Zu späte Maissorten führen beispielsweise zu höheren Trocknungskosten und zu einer stärkeren Gefährdung durch Kolbenfusariosen. Durch Berücksichtigung der Befallsgewohnheiten (z. B. Bevorzugung früher bzw. später Sorten) können manche Schädlinge kurzgehalten werden (Getreidegallmücken, Maiszünsler u. a.).

Biologische und integrierte Maßnahmen

Sortenresistenz

Resistenzzüchtung gegen Krankheiten

Resistente Sorten entwickeln aktiv biologische Abwehrmechanismen gegen bestimmte Krankheitserreger. Diese Eigenschaften sind auf Resistenzgenen lokalisiert. In verschiedenen Belangen bietet der Anbau einer resistenten Sorte eine vorteilhafte Alternative zum Einsatz von Pflanzenschutzmitteln, in anderen Belangen ist es die einzige Möglichkeit für einen erfolgreichen Pflanzenbau. Aus diesem Grunde kommt dieser umweltneutralen Pflanzenschutzmaßnahme eine vorrangige Stellung zu. Daher ist die Resistenzzüchtung als bedeutende Leistung für den Pflanzenschutz einzustufen und entsprechend zu bewerten. Eine Anzahl von Getreide- und Maissorten zeichnet sich durch eine sehr hohe Resistenz gegenüber verschiedenen Krankheitserregern aus, sodass es dem Landwirt naheliegt, entsprechende Sorten in erster Linie in die Wahl einzubeziehen.

Resistenzzüchtung gegen Schädlinge

Die Resistenzzüchtung gegen Schädlinge hat bei Weitem nicht denselben hohen Stellenwert wie jene gegen Krankheiten. Obwohl vielfältige Anstrengungen zur Resistenzzüchtung gegen Getreideschädlinge unternommen wurden und werden (wie z. B. in den USA gegen Hessenfliege und Getreidehähnchen sowie Blattläuse), haben die bisherigen Erkenntnisse ihren Niederschlag in der Praxis noch nicht gefunden. In den letzten Jahren mehren sich ebenfalls die Bemühungen, auf gentechnischem Weg Resistenz- bzw. Toleranzeigenschaften in das Genom der Kulturpflanzen einzufügen. Ebenfalls auf gentechnischem Weg werden Gene von *Bacillus thuringiensis*, bekannt auch als biologisches Pflanzenschutzmittel gegen viele Schädlinge, in Maissorten eingefügt, um den Pflanzen einen „natürlichen" Schutz gegen verschiedene Schädlinge zu gewähren. Solche „B.t.-Maissorten" werden schon seit geraumer Zeit zur Verhinderung von Schäden durch den Maiszünsler oder den Maiswurzelbohrer angebaut. Inzwischen gibt es sogar Sorten, die eine Resistenz gegenüber beiden Schädlingen besitzen. Der Einsatz von gentechnisch veränderten Sorten ist jedoch stark umstritten.

Nützlinge im Getreide- und Maisbau

Nützlinge spielen in allen Ökosystemen als natürliche Regel- und Begrenzungsfaktoren eine wichtige Rolle, so auch in landwirtschaftlichen Kulturen, in denen das Überangebot an gesunden, nahrhaften Wirtspflanzen zu Massenvermehrungen ihrer Schädlinge führen kann.

Das Spektrum an Nützlingen umfasst nicht nur so bekannte Tiere wie Marienkäfer und Florfliege, sondern reicht von Mikroorganismen (Viren, Bakterien, Einzeller, Pilze) über viele Ordnungen der sogenannten „Niederen Tiere" (z. B. Nematoden, Spinnen, Milben, Insekten) bis zu den Wirbeltieren. Im Getreide- und Maisbau spielen jedoch Räuber und Parasiten der Blattläuse die größte Rolle, aber auch mehreren anderen Gruppen, wie räuberischen Käfern, Wanzen und Fliegen, kommt eine gewisse Bedeutung zu.

Die Schonung der Nützlinge stellt einen Eckpfeiler des integrierten Pflanzenschutzes dar. Sie wird durch eine sparsame und möglichst nützlingsschonende Anwendung von Pflanzenschutzmitteln erreicht sowie durch die Schaffung bzw. Erhaltung von unbelasteten Lebensräumen, wie z. B. Feldrainen, Windschutzgürteln, Hecken, Steinhaufen usw., gefördert.

MARIENKÄFER *(Coccinellidae)*

Marienkäfer sind wohl die bekannteste Nützlingsgruppe und umfassen in Mitteleuropa etwa 70 Arten, von denen die meisten Blattläuse fressen. Manche Arten ernähren sich jedoch von Schildläusen, Spinnmilben oder Mehltaupilzen. Einige wenige sind aber phytophag und ernähren sich von Klee oder Rüben. Sie sind meist 1–6 mm groß, halbkugelig gewölbt und besitzen auf den Flügeldecken farbige Punkte oder Flecken, die nur teilweise artspezifisch, sonst aber auch variabel sind. Die Überwinterung erfolgt als Käfer in geschützten Stellen, vorwiegend unter Laubstreu, Grasbüscheln oder Rinde, manchmal auch in Gebäuden. Im

Marienkäfer

Siebenpunkt-Käfer
Nat. Größe: 6–7 mm

Larve eines Marienkäfers
Nat. Größe: 7–9 mm

Puppe eines Marienkäfers
Nat. Größe: 6 mm

Frühjahr besiedeln sie auf der Suche nach ihren bevorzugten Wirten Wiesen und Brachflächen, später auch Kulturpflanzen. Sie sind in der Lage, täglich bis zu 120 Blattläuse zu vertilgen.

Bei den an Blattläusen fressenden Arten legen die Weibchen ihre Eier in der Nähe der Wirtstiere in kleinen Gruppen ab. Die aus den Eiern schlüpfenden Larven sind lang gestreckt und haben drei Beinpaare sowie kräftig ausgebildete Mundwerkzeuge. Die Grundfärbung ist grau bis dunkelblau, oft mit gelben Flecken und borstentragenden Warzen durchmischt. Während der Larvenentwicklung durchlaufen sie vier bis fünf Stadien und fressen bis zur Verpuppung 200–600 Blattläuse. Die Puppen (sogenannte Mumienpuppen) sind mit ihrem Hinterende an der Unterlage angeheftet und ähnlich bunt gefleckt wie die Larven. Die meisten Arten haben ein bis zwei Generationen im Jahr.

Die Bedeutung der Marienkäfer als Blattlausvertilger liegt in der Gefräßigkeit von Adulten und Larven. Sie sind durchaus in der Lage, eine beginnende Blattlausgradation einzudämmen.

FLORFLIEGEN *(Chrysopidae)*

Die Florfliegen gehören nicht zu den Fliegen, wie ihr Name vermuten lässt, sondern zu den Netzflüglern, einer altertümlichen Insektenordnung mit vier gleichen, zarten, florartigen Flügeln, die dachförmig über dem Körper getragen werden. Sie werden auch als „Goldaugen" bezeichnet, weil ihre großen, vorstehenden Augen metallisch golden glänzen. Das Insekt ist ca. 1–1,5 cm lang und grün oder gelb gefärbt. Die Florfliegen umfassen in Mitteleuropa etwa 50 Arten und sind in der Mehrheit räuberisch, wobei sie in der Dämmerung auf Nahrungssuche gehen. Ein erwachsenes Weibchen kann in einer halben Stunde bis zu 40 Blattläuse fressen. Manche Arten ernähren sich jedoch von Nektar, Pollen und dem Honigtau der Blattläuse. Die adulten Tiere überwintern an geschützten Orten, oft auch in menschlichen Siedlungen.

Florfliege

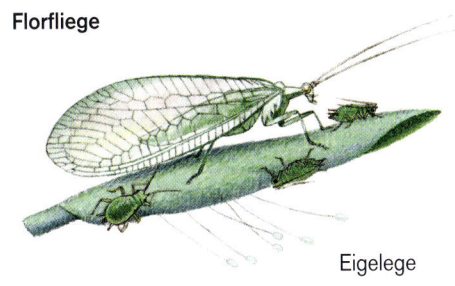

Eigelege

Erwachsenes Insekt
Nat. Größe: 10 mm

Larve einer Florfliege
Nat. Größe: 10 mm

Nach der Paarung im Frühjahr legen die Weibchen ihre Eier in der Nähe der Wirtstiere an Blättern oder Trieben ab. Die unverkennbaren Eier sind an einem langen, biegsamen Faden befestigt, der aus dem Sekret einer besonderen Drüse stammt. Sie werden je nach Florfliegenart einzeln oder in Gruppen abgelegt und sind zunächst grün, später gelblich.

Die Larven sind bis 1 cm lang, lang gestreckt und spindelförmig. Ihr gelblich grau gefärbter Körper trägt kleine, behaarte Warzen und lange, zangenförmige Kiefer, mit denen sie nicht nur Mengen von Blattläusen, sondern auch Milben, Schildläuse, Blattsauger, Raupen und anderes Getier aufspießen. Die Larvenentwicklung dauert bei günstiger Witterung etwa 18 Tage, wobei die Larve in dieser Zeit 400–500 erwachsene Blattläuse bzw. bis zu 1.000 Blattläuse jüngerer Stadien vernichten kann.

Ihre Bedeutung bei der Regulierung des Blattlausbefalls ist daher erheblich, insbesondere in Verbindung mit anderen blattlausfressenden Arten. Alle Stadien der Florfliegen sind aber gegenüber Insektiziden und Fungiziden – die Eier ganz besonders gegenüber Öl – sehr empfindlich.

SCHWEBFLIEGEN *(Syrphidae)*

Die artenreiche Familie der Schwebfliegen umfasst sowohl phytophage als auch viele nützliche Arten. Die bis zu 1 cm langen Fliegen haben eine charakteristische schwarzgelbe Bänderung, die wegen der Ähnlichkeit mit Wespen als Schutzzeichnung gedeutet wird. Sie sind hervorragende Flieger und wechseln ihre Schwebphasen mit blitzartigen Bewegungen ab. Sie ernähren sich hauptsächlich von Blütenstaub und Blütensäften.

Die Weibchen legen ihre länglichen, etwa 1 mm großen, weißen Eier in die Blattlauskolonien ab, wo die ausschlüpfenden Larven reichlich Nahrung finden. Die ca. 1–2 cm langen, kopf- und fußlosen Larven besitzen ein langes Atemrohr am Hinterleib und einen einstülpbaren Rüssel am Vorderende, mit dem die Blatt-

Schwebfliege

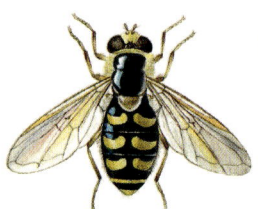

Schwebfliege
Nat. Größe 6–8 mm

Schwebfliegen-Larve beim Aussaugen einer Blattlaus
Nat. Größe: 10 mm

Puppe
Nat. Größe: 8–10 mm

läuse aufgespießt und dann ausgesaugt werden. Ihrer Gefräßigkeit fallen während der etwa zweiwöchigen Entwicklungszeit bis zu 700 Blattläuse zum Opfer. Sie gehören neben den Marienkäfern und den Florfliegen zu den bedeutendsten Blattlausräubern.

Die Verpuppung erfolgt als tropfenförmige, pergamentartige Tönnchenpuppe am Fraßort oder im Boden. Die daraus schlüpfenden Fliegen überwintern nur bei sehr kalter Witterung in Verstecken, ansonsten sind sie auch im Winter aktiv. Die Eiablagen der bereits im Herbst befruchteten Weibchen erfolgen daher sehr frühzeitig, und die Larven fressen schon an den ersten Blattlauskolonien im Frühjahr. Bei manchen Arten, die als Puppe oder Larve überwintern, dauert es schon länger, bis sie ihre Fraßtätigkeit aufnehmen können. Die meisten Arten entwickeln mehrere Generationen im Jahr.

BLATTLAUSWESPEN *(Aphidiidae)*

Die Blattlauswespen sind kleine, 2–4 mm große, dunkelfarbige Wespen, die ausschließlich Blattläuse parasitieren. Zur Eiablage biegen sie ihren beweglichen Hinterleib durch das letzte Beinpaar hindurch, stechen mit dem Legestachel die Blattlaus an und pressen das Ei ins Innere des Wirtes. Dort schlüpft die winzige Larve und frisst während ihrer Entwicklung die Blattlaus aus. Die Körperhülle der Blattlaus wird blasig aufgetrieben, verändert die Farbe (gelblich bis bronzefarben oder ganz schwarz) und bleibt meist an der Blattoberfläche haften, wodurch parasitierte Individuen in einer Blattlauskolonie leicht zu erkennen sind. Die Verpuppung erfolgt zumeist ebenfalls im Inneren der Blattlaus, bei manchen Arten auch unterhalb, wobei einige die abgetötete Laus sogar mit Spinnfäden an die Unterlage befestigen. Die Blattlauswespen können frühzeitig Koloniebildungen verhindern, da sie von den Ameisen, die Blattläuse melken und beschützen, nicht angegriffen werden.

Von einer Blattlauswespe befallene Blattlaus

WANZEN *(Heteroptera)*

Die Wanzen bilden eine artenreiche, sehr heterogene Ordnung mit Vertretern, die fast alle Lebensräume besiedelt haben. Sie besitzen einen stilettartigen Saugrüssel, der in Ruhelage auf der Unterseite zwischen den Beinen getragen wird, viergliedrige Fühler und ein Schildchen *(Scutellum)* hinter dem Thorax zwischen dem lederartigen ersten Flügelpaar. Neben den vielen pflanzensaugenden Arten gibt es in den Familien Sichelwanzen *(Nabidae)*, Blumenwanzen *(Anthocoridae)* und Weichwanzen *(Miridae)* viele räuberische Arten. Vertreter der Blumen- und Weichwanzen leben auf Kräutern, Sträuchern und Bäumen, wo sie sich von Blattläusen, Blattsaugern, Spinnmilben, Gallmückenlarven und Thripslarven sowie kleineren Raupen und Käferlarven ernähren.

KÄFER *(Coleoptera)*

Die Käfer sind die artenreichste Ordnung der Insekten, mit über 350.000 beschriebenen Formen. Die in Österreich vorkommenden 7.200 Arten stellen ein Viertel aller heimischen Tierarten. Sie haben alle Lebensräume außer das Meer und das ewige Eis erobert. Dementsprechend vielfältig sind auch ihre Lebensweisen. Es gibt sehr viele pflanzenschädliche Arten, aber auch, insbesondere in den Gruppen der Laufkäfer *(Carabidae)*, Kurzflügler *(Staphylinidae)*, Weichkäfer *(Cantharidae)*, Leuchtkäfer *(Lampyridae)*, Buntkäfer *(Cleridae)* und Marienkäfer *(Coccinellidae)*, viele räuberische Arten, die den verschiedensten Schädlingen, wie z. B. Schnecken, Milben und allen Stadien von Insekten, nachstellen.

WEBSPINNEN *(Aranea)*

Neben den bekannten netzerzeugenden Spinnen gibt es auch solche, die jagend umherwandern oder sogar sekundär das Süßwasser besiedelt haben. Etwa 36.000 Arten sind weltweit bekannt, wovon 735 auch in Österreich wohnhaft sind. Sie sind fast alle Räuber, die ihre Beutetiere mit speziell ausgebildeten Mundwerkzeugen, den Chelizeren, festhalten. Diese zangenartigen Gebilde sind mit einer Giftdrüse versehen, mit deren Hilfe die Spinnen ihre Beute lähmen oder töten. Danach werden ihre Körper aufgebrochen und der stark zellzersetzende Verdauungssaft aus den Mitteldarmdrüsen injiziert, der das Innere des Opfers außerhalb des Körpers der Spinne auflöst. Die so gewonnene breiige bis flüssige Masse wird durch den engen Mundschlitz eingesaugt.
Nur wenige Spinnen sind in ihrem Nahrungsspektrum spezialisiert, die allermeisten Arten fressen alles, was sie fangen können. Sie stellen sicher ein wichtiges, regulierendes Glied in der Nahrungskette dar, doch ob dem breiten Rahmen ihrer Beutetiere, der sowohl Nützlinge wie auch Schädlinge umfasst, ist noch relativ wenig Gesichertes über das Ausmaß ihres Nutzens bekannt.

Maiszünslerbekämpfung mit Nützlingen

Mit dem starken Anstieg des Maisbaues in Österreich ist auch eine starke Zunahme von Maiszünslerschäden zu beobachten, die oft bedeutsamer sind als jene des seit 2002 in Österreich eingebürgerten westlichen Maiswurzelbohrers.

Zur biologischen Bekämpfung des Zünslers können Bakterienpräparate *(Bacillus thuringiensis)* gegen die schlüpfenden Larven eingesetzt werden, doch treten dabei die gleichen applikationstechnischen Probleme auf wie bei chemischen Spritzpräparaten.

Seit 1982 kommt auch eine Schlupfwespe *(Trichogramma evanescens* var. *maidis)* zum Einsatz. Zahlreiche Versuche haben gezeigt, dass die Effizienz und Leistungsfähigkeit dieses Nützlings herkömmlichen Verfahren durchaus ebenbürtig ist.

Diese winzigen Schlupfwespen (0,2–0,4 mm) sind in der Lage, die Eigelege des Maiszünslers zu parasitieren, sodass aus diesen Gelegen keine Maiszünslerlarven mehr schlüpfen, sondern nur noch weitere Trichogrammen. Diese Trichogrammen kommen bei uns vereinzelt auch in der natürlichen Umwelt vor, allerdings in einem so

Trichogramma evanescens

geringen Ausmaß, dass sie für eine effiziente Bekämpfung nicht ausreichen. Aus diesem Grund müssen sie alljährlich neu ausgebracht werden, aber auch deswegen, weil sie den Winter in Österreich nicht überstehen.

Ausbringung von *Trichogramma*

Trichogramma in Kapseln

Trichogrammakärtchen auf Maisblatt

Die Ausbringung erfolgt von Hand aus ein- bis zweimal im Abstand von sieben bis zehn Tagen während der Flugzeit des Zünslers, wobei die erste Ausbringung zu Flugbeginn erfolgen muss. Da schon eine geringe Verschiebung des richtigen Ausbringungstermins zu einem totalen Misserfolg der Behandlung führen kann, kommt dessen Festlegung mithilfe von Lichtfallen oder Schlupfkäfigen ganz besondere Bedeutung zu.

Die Zucht der Trichogrammen erfolgt auf sterilisierten Eiern der Kornmotte *(Sitotroga cerealella)* oder der Getreidemotte *(Ephestia kuehniella)*, die den Schlupfwespen zur Parasitierung angeboten werden. Die parasitierten Motteneier werden nun, je nach System, auf Kärtchen oder in Kapseln mit einem wasserunlöslichen Leim aufgebracht. Die Kärtchen oder Kapseln, die dem Landwirt zeitgerecht vom Produzenten zugesandt werden, werden nun gleichmäßig händisch auf dem Maisfeld verteilt. Die Ausbringungsdauer beträgt je nach Feldlage und Ausbringungssystem 20 bis 30 Minuten je Hektar.

Durch die Umweltfreundlichkeit dieser Methode kann die Applikation von jedermann völlig gefahrlos durchgeführt werden.

Der Erfolg dieses Systems ist, wie erwähnt, dem einer chemischen Behandlung durchaus gleichwertig und in manchen Fällen sogar überlegen. Es darf aber nicht verschwiegen werden, dass sich wegen des manuellen Ausbringungsverfahrens allzu große Flächen für dieses Verfahren weniger gut eignen. Einzelne zusammenhängende, von mehreren Landwirten behandelte Flächen lassen jedoch einen besseren Behandlungserfolg erwarten als kleine, verstreut liegende Flächen. Ein Nachteil beim Einsatz von Trichogrammen besteht auch darin, dass die Nützlinge meist schon im Frühjahr bei den Produzenten vorbestellt werden müssen. Die Lieferung zum Ausbringungstermin erfolgt dann unabhängig von einem allfälligen Erreichen einer ökonomischen Schadensschwelle.

Besonders sinnvoll erscheint der Einsatz dieser Methode vor allem bei Süßmais, wo vielfach von Hand aus geerntet wird und die Flächen zumeist eher kleiner sind, sowie bei Saatmais, wo die erforderliche Entfahnung zeitmäßig zumeist mit einer Maiszünslerbehandlung zusammenfällt und so das Betreten der Felder unmittelbar nach einer chemischen Behandlung vermieden werden kann. Auch rechtfertigt der höhere Deckungsbeitrag bei Süß- und Saatmais eher ein derartiges Verfahren.

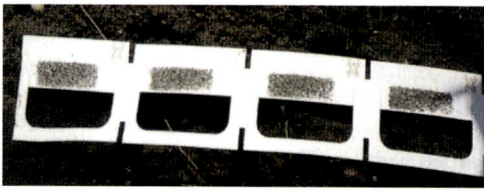

Trichogramma auf Kärtchen

Der Einsatz von Pflanzenschutzmitteln gegen Krankheiten und Schädlinge

Pflanzenschutzmittel sind dazu bestimmt, Pflanzen und Pflanzenerzeugnisse vor Schadorganismen zu schützen. Sie können allerdings auch Risiken und Gefahren für Menschen, Tiere und Umwelt in sich bergen, insbesondere wenn sie ungeprüft und ohne amtliche Zulassung in Verkehr gebracht oder unsachgemäß angewendet werden. Aus diesem Grund ist für Pflanzenschutzmittel ein Zulassungsverfahren gesetzlich vorgeschrieben.

Die in Österreich zugelassenen Pflanzenschutzmittel sind auf der Homepage der Agentur für Gesundheit und Ernährungssicherheit (AGES) unter www.ages.at abrufbar.

Wegen der Bedeutung des richtigen Umgangs mit Pflanzenschutzmitteln für die menschliche Gesundheit und für die Umwelt sollen die wichtigsten Verhaltensregeln in kurz gefasster Form wiedergegeben werden:

1. Überzeugen Sie sich beim Kauf des Präparats, dass es auch für den Zweck zugelassen ist, für den sie es verwenden wollen. Lesen Sie die Angaben und Hinweise auf der Packung und die Gebrauchsanweisungen. Beachten Sie die Gefährlichkeitsmerkmale, die Risiko-Sätze und insbesondere die Sicherheitsratschläge. Nicht umsonst ist ihre Anbringung an und in jeder Packung gesetzlich vorgeschrieben!

2. Pflanzenschutzmittel immer unter sicherem Verschluss, nur in der Originalpackung (Verwechslungsgefahr) und getrennt von Arznei-, Lebens- oder Futtermitteln aufbewahren. Vor allem muss jeder Zugriff durch Unbefugte, insbesondere durch Kinder, verhindert werden! Geräte und Utensilien, die mit Pflanzenschutzmitteln in Berührung kommen, (Waage, Becher, Schaufel usw.) immer nur zu diesem Zweck benützen, deutlich mit „Gift" oder ähnlich prägnantem Begriff beschriften, nach Gebrauch gründlich reinigen und zusammen mit den Präparaten unter Verschluss halten. Ebenso mit Schutzbekleidung und anderer Schutzausrüstung (Masken, Brillen usw.) verfahren, die regelmäßig auf Unversehrtheit kontrolliert werden müssen. Beim Transport vor Beschädigungen schützen, am besten in verschließbaren Metall- oder Kunststoffbehältern.

3. Pflanzenschutzgeräte regelmäßig kontrollieren und die Geräteüberprüfungen einhalten. Vor Gebrauch die empfindlicheren Teile (Schläuche, Filter, Siebe usw.) auf Schäden oder Mängel kontrollieren. Überzeugen Sie sich, dass die Düsen einwandfrei funktionieren und für die geplante Behandlung geeignet sind. Diese Arbeiten sollen vor Einfüllen der Spritzbrühe und nicht erst danach durchgeführt werden! Bei Granulatstreuern vor Gebrauch unbedingt eine Abdrehprobe durchführen.

4. Bei Zubereitung der Spritzlösung und Befüllung der Geräte darauf achten, dass kein Kontakt mit dem Mittel erfolgt und dass weder Mittel noch Brühe verschüttet werden. Stimmen Sie ihre Schutzbekleidung auf die Sicherheitsratschläge für das jeweilige Präparat ab! Nicht überdosieren! Brühenaufwand je

Hektar nach Schädling bzw. Krankheit und Entwicklungsstadium der Kultur-pflanze richten. Bienen- und Wasserschutzbestimmungen sowie Wartefristen beachten! Bei der Ausbringung richtige Geschwindigkeit und Druck wählen sowie auf Windrichtung und -stärke (Abtrift!) achten. Bei Granulatstreuern immer darauf achten, dass keine Mittelreste auf der Bodenoberfläche liegen bleiben. Bei Entleerung des Gerätes dieselbe Sorgfalt wie beim Befüllen auf-wenden. Geräte und Schutzkleidung gründlich reinigen. Bei allen Arbeiten mit Pflanzenschutzmitteln nicht essen, trinken oder rauchen.

5. Machen Sie einen Erste-Hilfe-Kurs und frischen Sie ihre Kenntnisse in regel-mäßigen Abständen auf! Bedenken Sie, dass das richtige Handeln im Ver-giftungsfall für den Betroffenen (es könnten Sie selbst oder ein Familienmit-glied sein!) lebensrettend sein kann. Bewahren Sie die Gebrauchsanweisungen von Pflanzenschutzmitteln zumindest so lange auf, bis die Präparate verbraucht sind. Führen Sie Telefonnummer von Rettung und Arzt und ein Mobiltelefon bei sich.

Bestandskontrolle

Um Informationen über Vorhandensein und Ausmaß der Populationen von Schadorganismen auf dem Feld zu sammeln, sind regelmäßige Bestandeskon-trollen unumgänglich. Sie erfolgen, indem man eine festgelegte Route, z. B. ent-lang von Feldrändern sowie zweier Diagonalen durch das Feld, abgeht und die Bestände kontrolliert. Verdächtige Stellen werden genauer untersucht. Um Ver-gleiche zwischen den Bestandskontrollen ziehen zu können, sollte immer das gleiche Kontrollverfahren eingehalten werden. Die Zeitpunkte der Kontrollen richten sich nach dem Entwicklungszustand der Kulturen, dem Witterungsver-lauf und dem Auftreten von Schadorganismen. Genauere Auszählungen sind nur dann notwendig, wenn man eine bald mögliche Überschreitung der Schadens-schwellen vermutet oder befürchtet.

Beispiele von Kontrollzeitpunkten für Schädlinge im Getreidebau sind
* Auflaufen (Bodenschädlinge, Brachfliege, Getreidelaufkäfer)
* Ende der Bestockung (Getreidewickler, Getreidelaufkäfer)
* Fahnenblattstadium (Getreidehähnchen, Sattelmücke)
* Ährenschieben (Blattläuse, Gallmücken)
* Blüte (Blattläuse, Wanzen, Thripse).

Krankheitsverlaufskurven

Die Beziehung zwischen Pflanzenentwicklungsstadien und Krankheitsverlauf lässt sich in einer für jede Krankheit charakteristischen Krankheitsverlaufkurve darstellen. Am Höhepunkt der Kurve liegt gleichzeitig die engste Befalls-Verlust-Beziehung vor, weshalb dieser Kurvenhöhepunkt im Zusammenhang mit den Schwellenwerten auch gleichzeitig etwa mit dem optimalen Bekämpfungszeit-punkt zusammenfällt.

Ungefährer Verlauf einiger wichtiger Getreidekrankheiten

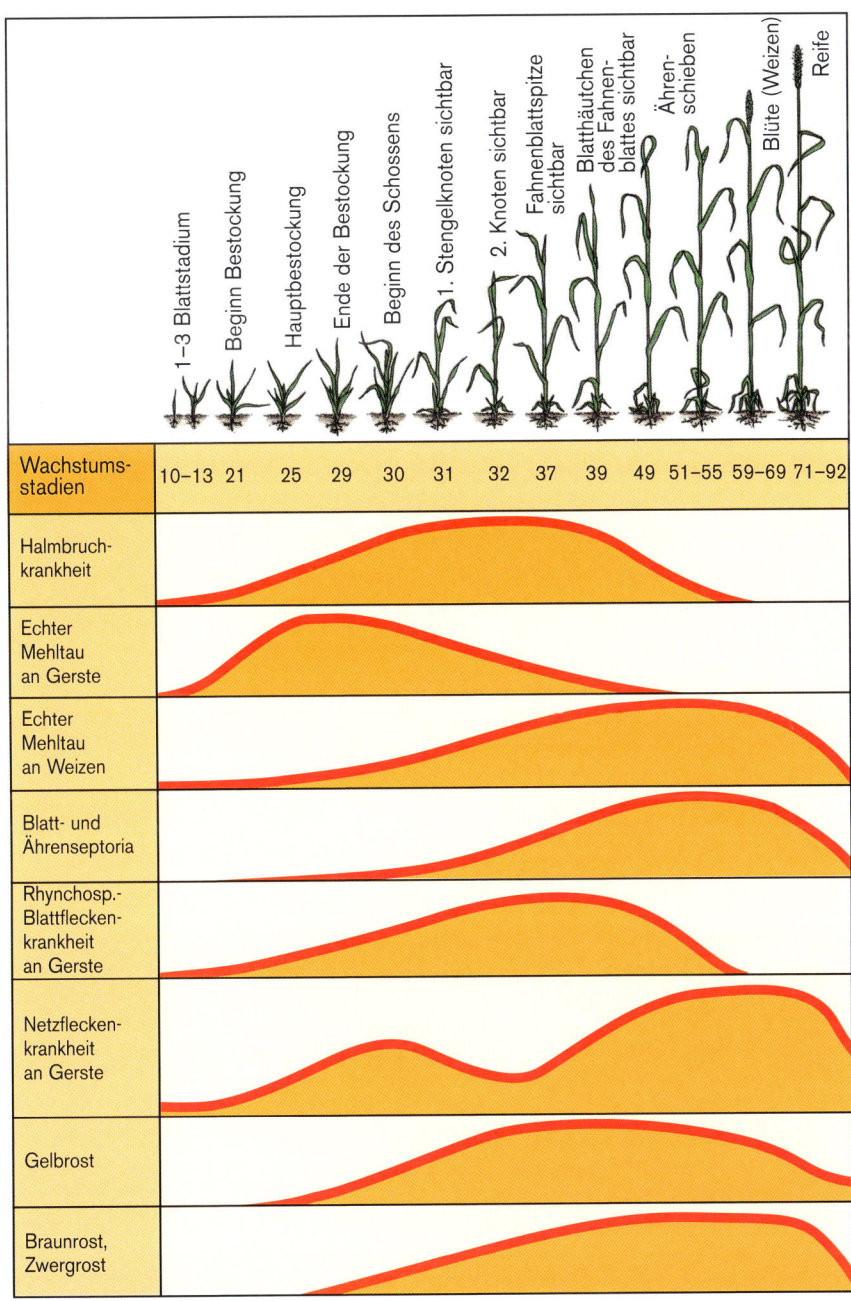

Getreide-, Pilz- und Viruserkrankungen. Quelle: Ciba-Geigy (1987)

Schadensschwellen

Schadensschwellen sind mess- oder zählbare Richtwerte für das Ausmaß eines zu einem bestimmten Zeitpunkt vorliegenden Schadensbefalls (Krankheitsbefall, Schädlingsbefall, Verunkrautungsstärke), bei deren Unterschreitung eine chemische Bekämpfung unrentabel ist (der Ertragseffekt deckt nicht die Behandlungskosten).

Daraus ist abzuleiten, dass das Niveau der Schwellenwerte nicht absolut ist, sondern dass es dem jeweiligen Preisniveau des Ernteproduktes und des Produktionsmittels (Pflanzenschutzmittels) sowie schließlich der jeweiligen Kulturführung (Intensitätsstufe) angepasst werden muss.

Krankheit	Getreideart	Schwellenwert		Empfindlichstes Entwicklungs-stadium (optimaler Behandlungs-zeitpunkt)
		% Blatt-fläche	% befallene Pflanzen	
Mehltau	Winterweizen	1–2*	20–30	Mitte des Schossens
	Wintergerste	5	30–50	Bestockungsende bis Schossbeginn
	Sommergerste	1*	20–30	Hauptbestockung
Halmbruch-krankheit	Winterweizen, Wintergerste	20 **	20	1-Knoten-Stadium (nur mikroskopisch fest-stellbar)
Netzflecken-krankheit	Wintergerste	2–5	30–50	Ab dem 2-Knoten-Stadium bis nach dem Ährenschieben
	Sommergerste	1–2	20–40	
Braunrost	Gerste	1–2	20–30	Ab dem 2-Knoten-Stadium bis nach dem Ährenschieben
	Weizen	2	30	
	Roggen	2–5	30–50	
Septoria-Spelzenbräune	Winterweizen	5 ***	10–20	Nach dem Ähren-schieben (Stadium 59–69)

*   Befall der Blattoberfläche (oberste drei Blätter)

**   Anteil kranker bzw. befallener Pflanzen

***   Blattflächenanteil der unteren Blätter und Regenperiode vor dem Ährenschieben

Tabelle 2: Beispiele von Schadensschwellen für Krankheiten in Getreide

Schädling	Schwellenwert	Kontrollzeitpunkt
Getreidewickler	40–50 Minen/m²	Ende Bestockung bis 1-Knoten-Stadium
Getreidelaufkäfer	4–5 geschädigte Pflanzen/m²	Winterung im Herbst Sommerung im Frühjahr, jeweils ab Auflaufen
	8–10 geschädigte Pflanzen/m²	Winterung im Frühjahr
Getreidehähnchen	Weizen: 0,5–1 Ei und Larven/Fahnenblatt Gerste: 0,5–1 Ei und Larven/Halm Roggen: 0,5–1,5 Eier und Larven/Fahnenblatt Hafer: 0,5–1,5 Eier und Larven/Fahnenblatt	Fahnenblattstadium
Getreideblattläuse	3–5 Blattläuse/Ähre und aufsteigende Populationstendenz	Ährenschieben bis Ende Blüte
Getreidethripse	10 Larven/Ähre	ab Ährenschieben
Maiszünsler	10 Eigelege/100 Pflanzen	ab Flugbeginn

Tabelle 3: Beispiele von Schadensschwellen für Schädlinge in Getreide und Mais

Schematische Befallsbilder als Grundlage für Bekämpfungsentscheidungen

Im Folgenden werden schematische Befallsbilder für die wichtigsten Getreidekrankheiten vorgestellt, die in Verbindung mit den Schwellenwerten als Grundlage für Bekämpfungsentscheidungen dienen.

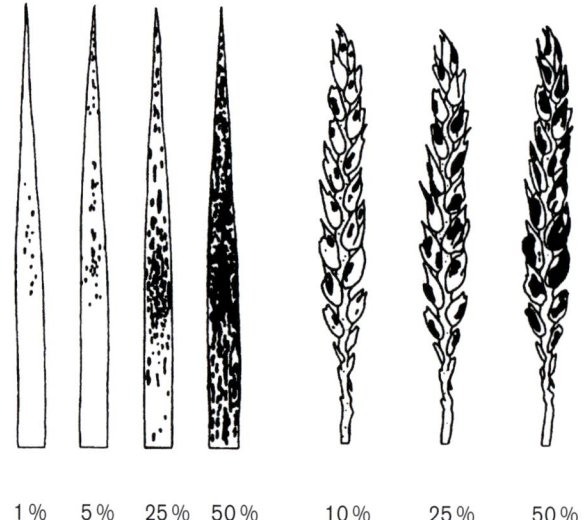

25 %

10 %

5 %

1 %

Prozentualer Blattflächenbefall

Weizen: Echter Mehltau *(Erysiphe graminis)*

1 %   5 %   25 %   50 %   10 %   25 %   50 %

Prozentualer Blattflächenbefall
und Ährenbefall

Weizen: Blattdürre – *Septoria tritici/nodorum,* Spelzenbräune –
Septoria nodorum
Quelle: Cereal Disease Methodology Manual (1986).

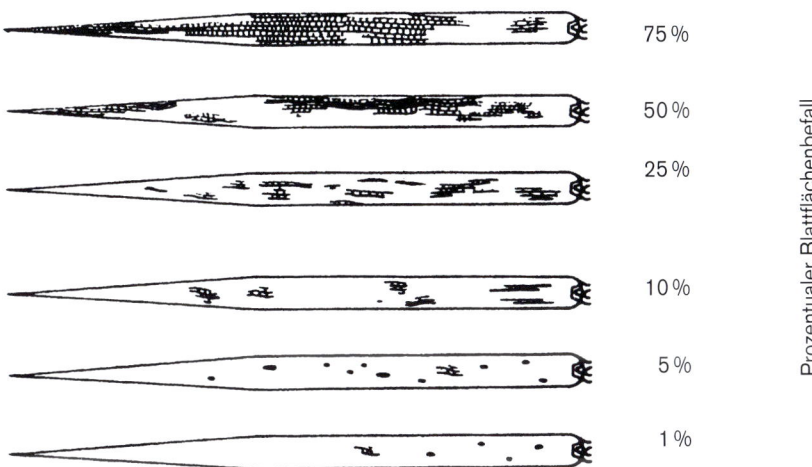

Prozentualer Blattflächenbefall

75 %
50 %
25 %
10 %
5 %
1 %

Gerste: Netzfleckenkrankheit *(Pyrenophora [Drechslera] teres)*
Quelle: Ciba-Geigy: Bestimmungsschlüssel für Pilzkrankheiten an Getreide.

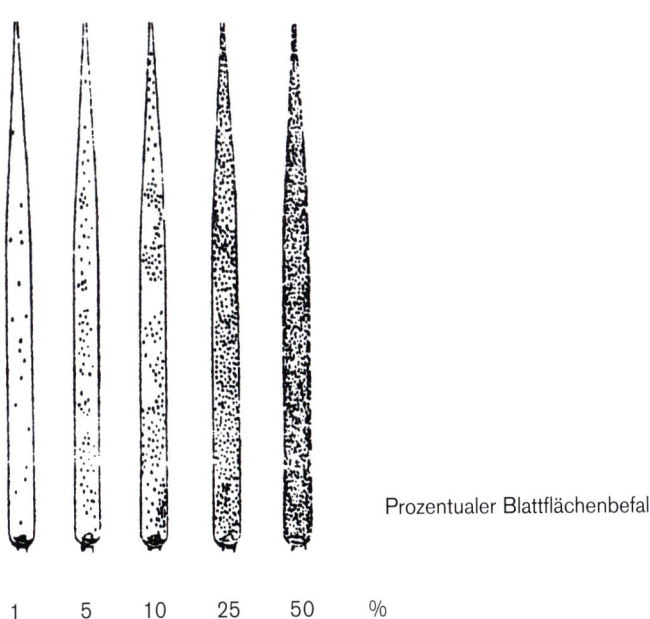

Prozentualer Blattflächenbefall

1   5   10   25   50   %

Gerste, Weizen, Roggen: Zwergrost an Weizen und Roggen – *Puccinia hordei,*
Puccinia recondita, Puccinia dispersa
Quelle: Heinze (1983): Leitfaden der Schädlingsbekämpfung.

Prognose und Warndienst

Eine Prognose ist die Vorhersage des Auftretens, des Verlaufs und der Auswirkungen von Pflanzenkrankheiten und Schädlingen. Ziel einer Prognose ist das Abschätzen der Notwendigkeit von Pflanzenschutzmaßnahmen bzw. die Abschätzung des richtigen Bekämpfungszeitpunktes. Dabei sollen alle Faktoren, die das Auftreten des jeweiligen Schaderregers beeinflussen, in Betracht gezogen werden. Je empfindlicher ein Schaderreger auf Witterungseinflüsse reagiert, umso mehr ist eine zuverlässige Prognose erschwert.

Warndienste sind Einrichtungen, die Warnungen über Schaderregerauftreten von nationalen oder regionalen Überwachungs- und Prognosesystemen an die landwirtschaftliche Praxis weitergeben. Zumeist werden Warndienste in Österreich von offiziellen Stellen organisiert. Die Meldungen erfolgen über E-Mail, Internet oder Mobiltelefon.

Warndienste sind ein sehr wesentlicher Bestandteil im Konzept des integrierten Pflanzenschutzes mit dem Ziel einer Erntesicherung (Quantität und Qualität) unter Minimierung bzw. Optimierung des Einsatzes von Pflanzenschutzmitteln.

Krankheiten

Prognosen über die Stärke des Auftretens sind vor allem bei jenen Krankheitserregern möglich, die eine lange Inkubationszeit (= Zeit zwischen Infektion und dem Erscheinen erster Symptome) haben, wie z. B. bei der Halmbruchkrankheit.

UV-Falle, dahinter Schlüpfkäfig

Schädlinge

Damit man Schädlinge erfolgreich bekämpfen kann, ist es erforderlich, über ihr zeitliches Auftreten genau Bescheid zu wissen. Um dieses Auftreten beobachten zu können, bedient man sich verschiedener Verfahren.

UV-Lichtfalle

Sie dient im Maisbau der Beobachtung des Fluges des Maiszünslers. Die Lichtfalle (s. Abb.) wird nur bei Nacht betrieben und lockt mit ihrem ultravioletten Licht unter anderen Insekten auch den Maiszünsler an. Die Falter fliegen zu der Lichtquelle, werden von aufsteigenden giftigen Dämpfen einer in der Falle befindlichen Flüssigkeit abgetötet und fallen in einen in der Falle befestigten Papiersack. Am nächsten Morgen kann man die so gefangenen Zünsler auszählen und weiß somit über den Flugverlauf Bescheid.

Pheromonfalle für den Maiszünsler

Pheromonfalle für den Maiswurzelbohrer

Pheromonfalle

Pheromone sind die weiblichen sexualen Lockstoffe und dienen der Anlockung von Männchen. Künstlich hergestellte weibliche Pheromone stehen schon für viele Schädlinge, vor allem im Obst- und Weinbau zur Verfügung. Sie können sogar in einigen Fällen zur Bekämpfung von Schädlingen eingesetzt werden. Im Maisbau können sie zur Überwachung der Flugzeitpunkte von Maiszünsler, Maiswurzelbohrer und Schnellkäferarten angewendet werden. Die Männchen werden in eine Falle gelockt (Abb. 14 und 15), an deren geleimten Flächen sie haften bleiben bzw. in deren Behälter sie gefangen werden. Die tägliche Beobachtung und Auszählung der Schädlinge gibt Aufschluss über den Flugverlauf und hilft, eventuell notwendige Bekämpfungszeitpunkte zu bestimmen. Während bestehende Pheromone für den Maiszünsler noch verbessert werden müssen, sind die des Maiswurzelbohrers und der Schnellkäferarten bereits praxistauglich.

Schlüpfkäfig

Schlüpfkäfige (s. Abb. S. 28) werden zur Beobachtung des Erscheinens und der Populationsstärke von im Boden überwinternden Schädlingen (z. B. Maiswurzelbohrer, Sattelmücke) eingesetzt, indem sie auf dem Feld aufgestellt und die darin gefangenen Tiere gezählt werden. Beim Maiszünsler wird hingegen stark befallenes Maisstroh, das im Vorjahr nach der Ernte gesammelt wurde, in die Käfige zum Zeitpunkt des Maisanbaus eingebracht. Durch Beobachtung der schlüpfenden Zünsler kann man auf den Schlüpfzeitpunkt der Gesamtpopulation schließen.

Farbfallen

Verschiedene Insektenarten werden von bestimmten Farben angelockt. Diese Verhaltensweise wird dazu genutzt, das Vorhandensein bzw. die Populationsdichte diverser Schädlinge zu überwachen. Blattläuse, Thripse und viele Fliegen- und Mückenarten werden von Gelbtönen angezogen, Thripse auch von weißer Farbe. Zur Überwachung der Fritfliege werden Violett- oder Blaufallen verwendet. Sowohl Farbtafeln als auch Farbschalen kommen bei der Schädlingsüberwachung zum Einsatz. Die Farbtafeln werden mit einem Klebstoff bestrichen und im Feld in Höhe der Bestände aufgestellt. Sie werden regelmäßig kontrolliert und ausgewechselt, damit der genaue Flugverlauf der Schädlinge bestimmt werden kann. Ebenso verfährt man mit den Farbschalen, die mit Wasser und etwas Netzmittel oder flüssigem Waschmittel (zur Senkung der Oberflächenspannung) gefüllt werden. Klebefallen können ebenfalls zur Bestimmung des Verdriftungszeitpunktes der Getreidewicklerlarven verwendet werden, wobei hier die Farbe naturgemäß keine Rolle spielt. In diesem Fall werden sie in gefährdeten Feldteilen in Richtung feldnaher Gehölze aufgestellt.

Resistenzmanagement

Alle lebenden Organismen sowie sämtliche Pflanzen- und Tiergesellschaften stehen in ständiger Wechselwirkung mit ihrer Umwelt. Einzelne Individuen können sich aufgrund ihrer genetischen Struktur besser auf Änderungen der Umweltbedingungen einstellen als andere. Sie überleben auch dann, wenn der Großteil einer Population vernichtet wird, z.B. durch eine Pflanzenschutzmittelbehandlung. Diese Individuen bilden dann den Grundstock einer neuen Population, die in der Folge von einer neuerlichen Behandlung mit demselben Pflanzenschutzmittel nicht abgetötet wird. Sie sind resistent geworden.

Resistenz kann gegen einzelne Präparate, aber auch gegen alle Präparate einer Wirkstoffgruppe entwickelt werden. Sie kann sogar gleichzeitig gegenüber mehreren Wirkstoffgruppen ausgebildet sein (Kreuzresistenz). Da es in jeder Population einzelne Individuen gibt, die Resistenz gegenüber einem bestimmten Wirkstoff zeigen, führt ein ständiger Einsatz desselben Wirkstoffes schnell zur Bildung resistenter Populationen, insbesondere bei Arten, die mehrere oder viele Generationen im Jahr haben.

Ziel des Resistenzmanagements ist es, die Ausbildung von resistenten Populationen bei Schadorganismen durch das Wechseln der eingesetzten Wirkstoffe zu verhindern. Die Wirkstoffgruppen haben jeweils andere Wirkungsmechanismen im Organismus des Schaderregers. Ist ein Schaderreger gegen Präparate mit einem bestimmten Wirkungsmechanismus resistent, so kann er durch Präparate, die einen anderen Wirkungsmechanismus aufweisen, bekämpft werden.

Bienenschutz

Wegen ihrer Befruchtungstätigkeit beim Einsammeln von Nektar und Pollen sowie ihrer wirtschaftlichen Bedeutung genießen Bienen besonderen gesetzlichen Schutz. Alle Pflanzenschutzmittel, sofern ihr Ausbringungsmodus nicht von vornherein einen Kontakt mit Bienen ausschließt (Saatschutzmittel, Bodengranulate, Bodenköder), werden nach ihrer Bienengefährlichkeit gekennzeichnet: bienengefährlich, minderbienengefährlich oder bienen-ungefährlich.

Bei bienen- oder minderbienengefährlichen Präparaten sind unbedingt die gesetzlichen Bestimmungen zum Schutz der Biene zu beachten.

Insbesondere wird in Zusammenhang mit der Verwendung derartiger Präparate darauf hingewiesen, dass behandelte Bestände auch frei von blühenden Unkräutern sein müssen. Es ist außerdem auf blühende Nachbarkulturen und die Flugrichtungen der Bienen zu achten. Die Behandlung von blühenden Beständen mit bienengefährlichen Mitteln ist grundsätzlich zu vermeiden. Auch für die Behandlung mit minderbienengefährlichen Präparaten sind diese Faktoren sowie die Anwendung außerhalb der Bienenflugzeit zu beachten.

Wartefristen (Karenzzeit, Wartezeit)

Vor der Durchführung chemischer Bekämpfungsmaßnahmen muss erst geprüft werden, ob die vorgeschriebenen Wartefristen zwischen letzter Anwendung von Pflanzenschutzmitteln und Ernte eingehalten werden können. Unter Wartefrist versteht man jene Zeitspanne, die zwischen der letzten Behandlung einer Kulturpflanze mit einem bestimmten Pflanzenschutzmittel und der üblichen Erntezeit dieser Kulturpflanze eingehalten werden muss. Die Karenzzeit bezieht sich nicht auf den Zeitpunkt des Verzehrs der Lebens- oder Futtermittel. Lager- oder Verarbeitungszeiten werden in die Karenzzeit nicht eingerechnet. Die Karenzzeit wird in Tagen angegeben.

In der vorliegenden Tabelle sind die Zeitspannen in Tagen angegeben, die im Durchschnitt zwischen einem bestimmten Entwicklungsstadium des Getreides bis zur Erntereife (Erntezeitpunkt) liegen. Diese Zeitspannen in Tagen sind Durchschnittsangaben, die je nach Anbauregion, Witterungsverlauf, Sorte und Nährstoffversorgung um einige Tage variieren können.

BBCH-Stadium	30	31	32	37	39	49	51	59	61–69	
	Beginn des Schossens	1-Knoten-Stadium	2-Knoten-Stadium	Erscheinen des letzten Blattes	Ligula-Stadium	Öffnen der letzten Blattscheide	Beginn des Ährenschiebens	Ende des Ährenschiebens	Blüte	
Winterweizen	70	66	63	60	56	52	49	45	42	35
Wintergerste	75	67	60	53	50	46	40	35	25	20
Winterroggen, Triticale	105	95	88	81	74	67	60	57	54	40
Sommergerste	77	70	64	60	53	49	45	42	39	32
Durumweizen, Sommerweizen	85	77	70	58	50	47	45	40	38	35
Hafer	83	75	70	60	53	50	48	42	39	32

Tabelle 4: Tage bis zur Ernte – Wartefristen

Maßnahmen gegen Krankheiten

Die Pflanzenschutzmaßnahmen betreffen die Saatgutbeizung und die Bekämpfung verschiedener Krankheiten im wachsenden Bestand durch Spritzungen geeigneter Fungizide.

Saatgutbeizung
Die Behandlung des Saatgutes mit einem Beizmittel stellt eine der wirksamsten Pflanzenschutzmaßnahmen dar. Sie entfaltet eine Desinfektionswirkung gegenüber samen- und bodenbürtigen Krankheitserregern und bewirkt einen günstigen Einfluss auf das Auflaufen und die Jugendentwicklung der Saaten.
Beizmittel liegen meist in flüssiger Form vor und werden unverdünnt bzw. mit Wasser verdünnt („Wasserbeizen") mittels speziellen Flüssigbeizapparaten auf das Saatgut aufgebracht. Die Aufwandmenge liegt in der Regel zwischen 100 und 500 ml pro 100 kg Saatgut. Zur Erzielung einer guten Beizwirkung und Verträglichkeit muss auf die spezifische Eignung des jeweiligen Beizapparates und auf die sehr gleichmäßige Verteilung des Beizmittels geachtet werden.

Weizen *(Triticum aestivum)* Merkmal/Pathogen		Normwert	Grenzwert
Septoria nodorum	VM, Z1	20	–
	Z2	–	–
Schneeschimmel *(Michrodochium nivale)*	VM, Z1	10	–
	Z2	15	–
Keimfähigkeit bei Prüfung in 10 °C	VM, Z1	85	–
	Z2	80	–
Flugbrand *(Ustilago nuda)*	VM	0,1	0,8
	Z1	0,2	2,0
	Z2	0,5	5,0
Steinbrande *(Tilletia* spp.*)*		10	300
Brandbutten in 500 g		0	0
Mutterkorn *(Claviceps purpurea)* in 500 g	VM	–	1
	Z1, Z2	–	3

Tabelle 5: Mindestanforderungen an die Saatgutqualität (zertifiziertes Saatgut – Z-Saatgut) im Rahmen der Laboruntersuchung am Beispiel Winterweizen, Angaben in Zähl-%, wenn nicht anders angeführt

Schwellenwerte für die Beizung

Im Saatgutgesetz 1997 sind Schwellenwerte (Schadensschwellen) in Form von Norm- und Grenzwerten festgelegt, die die Saatgutbeizung für Saatgut regeln. Liegt der Befall des Saatgutes unterhalb des Normwertes, wird eine Beizung nicht vorgeschrieben. Bei einem Befall zwischen Norm- und Grenzwert wird eine Saatgutbeizung mit einem für diese Einsatzzwecke zugelassenen Beizmittel notwendig. Überschreitet der Befall den Grenzwert, dann ist eine Sanierung durch Beizung nicht mehr möglich und eine Anerkennung als Z-Saatgut kann nicht mehr ausgesprochen werden.

Krankheitsbekämpfung mit Pflanzenschutzmitteln

Verschiedene boden- und windbürtige Krankheiten können nach Ausschöpfung aller zuvor angeführten vorbeugenden Maßnahmen zusätzlich noch durch Spritzmaßnahmen direkt bekämpft werden, z. B. Mehltau, Halmbruchkrankheit, Spelzenbräune, Rostkrankheiten, Ährenfusariose. Wesentlichen Einfluss auf den Bekämpfungserfolg haben der Anwendungstermin, die Auswahl des für den jeweiligen Zweck geeigneten Präparates sowie die fachgerechte Ausbringung der Präparate.

Entscheidungsgrundlagen für die Bekämpfung von Krankheiten

Für eine Bekämpfungsentscheidung sind folgende Kriterien maßgebend:

1. Anfälligkeit der angebauten Sorte: Ist die Sorte gegen die betreffenden Krankheiten nur gering anfällig bzw. resistent, ist eine Bekämpfung ohne Ertragseffekt.
2. Produktionsintensität: Eine chemische Krankheitsbekämpfung ist meist nur bei hoher Ertragserwartung rentabel.
3. Befallslagen: niederschlagsreiche Anbaugebiete bzw. lokale Staulagen – Trockengebiet bzw. windoffener, trockener Standort
4. Witterungsverlauf
5. Schadensschwellen
6. Warndienste: Als Entscheidungshilfen werden verschiedene Warndienste angeboten, die teils auf der Grundlage von Stichprobenuntersuchungen von Pflanzenmaterial (z. B. ELISA-Pseudocercosporella-Halmbruchwarndienst) oder auf Computermodellen beruhen.

Maßnahmen gegen Schädlinge

Entsprechend der großen Anzahl von Schädlingen im Getreide- und Maisbau sowie der Unterschiedlichkeit ihrer Lebensweise kommen verschiedene Applikationsmethoden zur Anwendung.

Saatgutinkrustierung

Die Inkrustierung des Saatgutes mit Insektiziden, eventuell in Kombination mit Fungiziden, gewinnt im Getreide- und Maisbau zunehmend an Bedeutung. Sie wird gegen Blattläuse als Vektoren der virösen Gelbverzwergung, Brachfliege, Drahtwurm, Fritfliege, Maiswurzelbohrer sowie gegen Vogelfraß im Maisbau angewandt. Die punktgenaue Platzierung der Wirkstoffe um das Samenkorn ermöglicht eine Minimierung der Aufwandmenge und eine Reduzierung der Umweltbelastung. Die Saatgutinkrustierung ist aufgrund ihrer guten Wirksamkeit, der geringen Umweltbelastung und der einfachen Anwendung einer Behandlung mit insektiziden Granulaten vorzuziehen.

Insektizide Granulate

Seitdem Granulate so formuliert wurden, dass sie mit den damals neu entwickelten Granulatstreuern in die Saatfurche ausgebracht werden konnten, und insbesondere seit der Einführung der insektiziden Saatgutinkrustierung ist vor allem die breitflächige Ausbringung von Granulaten, die schon vorher aus umweltrelevanten, aber auch wirtschaftlichen Gründen immer stärker zurückgegangen ist, vollends aufgegeben worden.

Die Saatfurchenbehandlung mittels eigens geeigneter Granulatstreuer wird vor allem im Maisbau gegen Bodenschädlinge, die die jungen Pflanzen angreifen, verwendet. Dabei werden insektizide Mesogranulate (Korngröße 0,2 bis 0,5 mm) oder Microgranulate (Korngröße 0,08 bis 0,2 mm) ausgebracht. Die Dosierung erfolgt hauptsächlich über Lochscheiben, seltener über Walzen und Schnecken, und Zustreifer hinter den Streurohren sorgen für die Bedeckung der Granulate mit Erde. Um sicher zu gehen, dass die empfohlene Aufwandmenge auch richtig ausgebracht wird, ist vor der Behandlung unbedingt eine Abdrehprobe durchzuführen. Es ist auch unbedingt darauf zu achten, dass beim Anheben der Sämaschine nicht noch Granulat aus dem Streugerät ausrinnt und dass Restmengen möglichst sorgfältig und gründlich entfernt werden.

Spritzmittel

Der Großteil der zugelassenen Insektizide im Getreide- und Maisbau sind Spritzmittel. Die für die Ausbringung von Spritzmitteln verwendeten Geräte sollen vor dem Einsatz unbedingt auf Funktionstüchtigkeit und Eignung überprüft und auch laufend kontrolliert werden. Bei der Applikation auf Fahrgeschwindigkeit, Druck, Düsendimension und Windverhältnisse achten. Insbesondere soll Abtrift durch Windstärke oder Thermik verhindert werden. Nur dann Behandlungen durchführen, wenn die Blätter nach dem Morgentau oder nach Regenfällen vollkommen abgetrocknet sind. Im Getreide- und Maisbau sind jetzt Brühenmengen mit 150–200 l Wasser üblich, der Brühenaufwand je Hektar soll jedoch nach Schädling und Entwicklungsstadium der Kulturpflanze ausgerichtet werden. Eine Erhöhung der Spritzbrühenmenge auf 300–500 l/ha ist bei manchen Schädlingen (Getreidelaufkäfer, Maiswurzelbohrer als Reihenspritzung) empfehlenswert. In manchen Fällen werden Bestandeskontrollen zeigen, dass nur bestimmte Teile eines Schlages einen bekämpfungswürdigen Befall aufweisen. In solchen Fällen genügen oft Rand- oder Herdbehandlungen (Getreidelaufkäfer, Getreidewickler, Getreidehähnchen, Getreideblattläuse usw.). Die Ausbringung der Präparate mit herkömmlichen Bodengeräten ist nur bei Anlage von Fahrgassen möglich; bei Mais und Sorghum ist der Einsatz von Stelzentraktoren erforderlich.

Ködermittel

Ködermittel werden bei Bedarf hauptsächlich gegen Schnecken, Maulwurfsgrillen und Feldmäuse eingesetzt. Die gegen Schnecken und Maulwurfsgrillen zugelassenen Präparate sollen bevorzugt am Abend oder nach nicht zu starkem Regen tagsüber ausgebracht werden, da die Schädlinge eher bei feuchter Witterung aktiv sind und daher die Köder dann aufnehmen können.

Präparate gegen Feldmäuse (vor allem Giftweizen und Begasungsmittel) werden tief und unzugänglich in die Gänge eingebracht. Es ist unbedingt darauf zu achten, dass sie für Haus- und Wildtiere unerreichbar sind.

Krankheiten

STEINBRAND DES WEIZENS
Tilletia caries

gesunde
Körner

Brandbutten

gesunde
Ähre

Steinbrandähre

Schaden

Auftreten:
Die Krankheit tritt hauptsächlich in Winter- und Sommerweizen auf, es können
auch zahlreiche Kultur- und Wildgräser sowie Roggen befallen werden.

Erkennung:

Auf befallenen Pflanzen werden anstelle der Körner Brandbutten mit intakter Fruchtwand und Samenschale ausgebildet. Darin enthalten ist eine schwarze, schmierige Masse aus vier bis fünf Mio. Brandsporen, die nach Heringslake riecht. Die Krankheit ist erst nach dem Ährenschieben eindeutig erkennbar. Die befallenen Ähren zeigen meist eine abweichende, in fortgeschrittenem Stadium blaugrüne Färbung und sind häufig gespreizt, sodass die matten, graubraunen Brandkörner bzw. Brandbutten zwischen den Spelzen zu erkennen sind. Meist sind sämtliche Körner einer Ähre zu Brandbutten umgebildet. Teilbefall einer Ähre ist selten. Häufig bleiben die infizierten Pflanzen auch etwas kürzer als die gesunden.

Bedeutung:

Der Weizensteinbrand war vor Einführung der Saatgutbeizung die wichtigste Weizenkrankheit. Bei der Verwendung von infiziertem Saatgut hat der Steinbrand nach wie vor ein hohes Schadenspotenzial. Neben der Verminderung des Kornertrages führt starker Befall zu erheblicher Geschmacksbeeinträchtigung des Erntegutes. Stark mit Steinbrandsporen verseuchtes Erntegut ist giftig und weder für Mahl- noch für Futterzwecke verwendbar.

Krankheitserreger

Der Steinbrandpilz entwickelt in jeder Brandbutte etwa vier bis fünf Mio. Brandsporen. Bei der

Weizen mit Brandbutte (rechts) und Brandsporen

Ernte werden die Brandbutten zerschlagen und die Sporen gelangen auf den Boden und das Erntegut. Im Boden keimen die Sporen gleichzeitig mit dem Saatkorn und infizieren den Keimling (Keimlingsinfektion). Der Pilz wächst in der Pflanze systemisch zu den Ährenanlagen vor und verursacht im weiteren Krankheitsverlauf die Brandährenbildung. Solange die Brandbutten noch unreif sind, enthalten sie eine schwarze, schmierige Masse, die nach Heringslake riecht (daher auch die Bezeichnung „Stinkbrand"). Zur Zeit der Reife werden die meist länglichen bis runden, verschieden geformten Brandbutten hart („Steinbrand"). Diese Krankheit wird mit Rücksicht auf den Zwergsteinbrand auch als Gewöhnlicher Steinbrand bezeichnet.

Gegenmaßnahmen

1. Verwenden von gesundem Saatgut (Original-Saatgut).
2. Saatgutbeizung.
3. Anbau resistenter oder wenig anfälliger Sorten. In Österreich sind die Sorten diesbezüglich noch nicht ausreichend geprüft.

WEIZENFLUGBRAND
Ustilago tritici

Sporenlager des Weizenflugbrands

Schaden

Auftreten:
Die Krankheit tritt in allen Weizenanbaugebieten auf. Sie wird nach dem Ährenschieben durch die Brandähren, die anstelle der normalen Ähren erscheinen, augenfällig.

Erkennung:

Anstelle der Ähren entwickeln sich schwarzbraune bis schwarze Sporenlager, wobei jedes Ährchen als Ganzes in eine nur noch wenig geformte Brandmasse umgewandelt wird. Diese Brandmasse stäubt unter der Einwirkung von Wind und Regen („Flugbrand") aus. Letztlich bleiben nur mehr die leeren Ährenspindeln übrig. Vereinzelt kommen auch teilbefallene Ähren vor; häufiger treten allerdings teilbefallene Pflanzen auf, Nebentriebe können ohne Befall bleiben.

Bedeutung:

Durch Saatguthygiene und Anwendung von Beizmitteln ist die Bedeutung des Flugbrandes stark zurückgegangen. Bei der Verwendung von ungebeiztem, verseuchtem Saatgut hat die Krankheit aber nach wie vor ein hohes Schadenspotenzial. In Saatgutvermehrungsbeständen kann Flugbrandbefall zu Beanstandungen führen und Beizauflagen bzw. Aberkennung der Saatgutvermehrung zur Folge haben.

Krankheitserreger

Die vom Pilz gebildeten Brandsporen dienen der Verbreitung und gelangen durch den Wind zunächst in die blühenden Ährchen. Dort keimen sie aus und besiedeln mit einem Myzel (Pilzgewebe) die Fruchtwand und später den Embryo (Blüten-Embryo-Infektion). Dem Korn ist der Befall äußerlich nicht anzumerken. Das Dauermyzel kann mehrere Jahre am Samen überdauern. Nach der neuerlichen Aussaat dringt der Pilz bei der Keimung des Kornes in den Keimling ein und wächst bis zu den Ährenanlagen. Vornehmlich werden die Haupttriebe infiziert, vielfach auch die Seitentriebe. Die Flugbrandähren werden beim Ährenschieben sichtbar.

Optimale Infektionsbedingungen für die Blüteninfektion liegen bei hoher Luftfeuchtigkeit (80 bis 100 %) und Temperaturen zwischen 18 und 25 °C vor. Eine lange Blühdauer bei warmer Witterung und hoher Luftfeuchtigkeit erhöht somit den Infektionserfolg. Die Brandsporen können auch über größere Entfernungen (bis zu 150 m) übertragen werden.

Gegenmaßnahmen

1. Verwenden von gesundem Saatgut (Original-Saatgut).
2. Sortenwahl: Anbau wenig anfälliger Sorten.
3. Saatgutbeizung mit einem speziell auch gegen Flugbrand zugelassenen Beizmittel.

GERSTENFLUGBRAND
Ustilago nuda

Sporenlager des Gerstenflugbrands

Schaden

Gersten- und Weizenflugbrand unterscheiden sich in erster Linie nur hinsichtlich des Wirtsbereiches. Es besteht also keine Übertragungsgefahr von Gerstenflugbrand auf Weizen und umgekehrt. In allen übrigen Belangen existiert zwischen Gersten- und Weizenflugbrand aber weitestgehende Übereinstimmung, weshalb die Ausführungen hier kurz gefasst werden können.

Auftreten:
Der Flugbrand der Gerste erscheint nach dem Ährenschieben und kann in allen Gerstenbaugebieten auftreten.

Erkennung:
Wie bei Weizenflugbrand bildet sich anstatt der Körner eine schwarzbraune bis schwarze Sporenmasse, die zunächst von einem silbrigen Häutchen überzogen ist. Unter Einwirkung von Wind und Regen reißt das Häutchen auf und die Sporen stauben aus.

Bedeutung:
Da der Ertragsausfall in der Regel der Befallshäufigkeit entspricht, kommt der Krankheit in Befallsjahren auch in dieser Hinsicht große Bedeutung zu. Das Auftreten des Gerstenflugbrandes ist durch Saatguthygiene und Saatgutbeizung in den letzten Jahren zurückgegangen. Bei Verwendung von ungebeiztem, verseuchtem Saatgut ist aber nach wie vor ein hohes Schadenspotenzial vorhanden. In Saatgutvermehrungsbeständen kann Flugbrandbefall zu Beanstandungen führen und Beizauflagen bzw. Aberkennung der Saatgutvermehrung zur Folge haben.

Krankheitserreger

Der Gerstenflugbrandpilz infiziert während der Blüte den Embryo (Embryoinfektion) und überdauert schließlich im Korn in Form eines Dauermyzels.

Gegenmaßnahmen

1. Verwenden von gesundem Saatgut (Original-Saatgut).
2. Sortenwahl: Anbau wenig anfälliger Sorten.
3. Saatgutbeizung mit einem speziell auch gegen Flugbrand zugelassenen Beizmittel.

STREIFENKRANKHEIT DER GERSTE
Drechslera graminea

gesunde Ähre   befallene Pflanzenteile

Schaden

Auftreten:
Die Krankheit ist in allen Getreideanbaugebieten in Winter- und Sommer-
gerstenbeständen anzutreffen, die aus ungebeiztem, mit dem Krankheitserreger
infiziertem Saatgut hervorgegangen sind.

Erkennung:
Die typischen Symptome der Streifenkrankheit sind erst nach dem Schossen,
noch deutlicher nach dem Ährenschieben erkennbar. Die Blätter zeigen lange
graubraune bis rotbraune Streifen, oft mit hellem Hof, schlitzen häufig auf und
sterben ab. Unter feuchten Bedingungen bildet sich auf dem nekrotischen
Gewebe ein dunkelbrauner Sporenbelag. Die Pflanzen sind im Wuchs gehemmt,
die Ähren bleiben teilweise in der Blattscheide stecken, häufig unterbleibt die
Kornbildung gänzlich. Infiziertem Saatgut ist der Befall – mit Ausnahme einer
gelegentlich verringerten Korngröße – nicht anzusehen.

Bedeutung:
Die Streifenkrankheit war vor der Einführung der Saatgutbeizung eine der
wichtigsten Gerstenkrankheiten. Die Krankheit tritt heute hauptsächlich in
extensiven Getreideanbaugebieten auf, wo weder Saatgutbeizung noch regel-
mäßiger Saatgutwechsel betrieben wird. Ohne vorbeugende Maßnahmen sind
hohe Ertragsverluste bis zu 80 % möglich.

Krankheitserreger

Auf befallenen Pflanzen werden massenhaft Sporen gebildet, die durch den Wind
verfrachtet werden und an die grünen Ähren gesunder Pflanzen gelangen. Dort
dringen sie mittels des Myzels in die Samenschale ein und befallen nach dem Aus-
säen im Zuge der Keimung den jungen Keimling. Die Krankheit ist nur samenbürtig (Keimlingsinfektion). Für die Sporenbildung und Ausbreitung im Bestand
ist eine hohe Luftfeuchtigkeit günstig. Die Infektionsrate hängt von den Keim-
bedingungen der Gerste ab. Bei ungünstigen, tiefen Keimtemperaturen ist mit
stärkerem Befall zu rechnen, da der Pilz genügend Zeit hat, die Sprossachse zu
besiedeln.

Gegenmaßnahmen

1. Verwenden von gesundem Saatgut (Original-Saatgut).
2. Saatgutbeizung.

HAFERFLUGBRAND
Ustilago avenae

Durch Haferflugbrand zerstörte Rispe

Schaden

Auftreten:
Die Krankheit tritt überall dort auf, wo Hafer kultiviert wird. Sie zeigt sich bercits zur Zeit des Rispenschiebens, wenn die schwarzbraunen Brandrispen aus der Blattscheide heraustreten.

Erkennung:
Durch den Haferflugbrand werden die einzelnen Blüten der Haferrispen zerstört; es bilden sich anstelle der Körner schwarzbraune, lockere Sporenmassen. Auch Teilbefall der Rispe ist möglich, wobei dann meist die unteren Ährchen einer Haferrispe infiziert sind, während die oberen zum Teil noch Haferkörner ausbilden. Zur Erntezeit sind die Sporen meist völlig ausgestäubt; die Brandrispen bestehen daher in dieser Zeit in der Regel nur noch aus zerfaserten Überresten der Spelzen. Kranke Pflanzen werden wegen des reduzierten Wuchses im Feldbestand oft übersehen.

Bedeutung:
Vor Einführung der Beizung war der Haferflugbrand eine der gefährlichsten Krankheiten des Hafers. In Saatgutvermehrungsbeständen kann Flugbrandbefall Beizauflagen bzw. Aberkennung der Saatgutvermehrung zur Folge haben. Heute ist seine Bedeutung infolge der guten Bekämpfungsmöglichkeit gering.

Krankheitserreger

Die Sporen des Haferflugbrandes stäuben während der Blütezeit aus und gelangen durch Wind und Regen unter die geöffneten Spelzen der Haferblüte. Sie bleiben dort zwischen Spelze und Frucht entweder ungekeimt bis zur Aussaat, keimen gleich oder erst später während der Saatgutlagerung und bilden in den äußeren Zellschichten von Spelze und Karyopse ein Dauermyzel. Die Überwinterung ist daher in Form ungekeimter Sporen oder als Dauermyzel möglich. Erst nach Aussaat des Hafers dringt das Myzel in den Haferkeimling ein und verursacht später die brandigen Rispen.

Gegenmaßnahmen

1. Verwenden von gesundem Saatgut (Original-Saatgut).
2. Saatgutbeizung.

ROGGENSTÄNGELBRAND
Urocystis occulta

Brandsporenlager auf Roggen

Schaden

Auftreten:
Roggenstängelbrand kann in allen Roggenanbaugebieten auftreten. Wirts-pflanzen sind neben Roggen auch Triticale und einige Queckenarten.

Erkennung:
Die ersten Symptome zeigen sich Ende des Schossens in Form von in Längs-richtung verlaufenden, gelben bis bleigrau erscheinenden Gewebeauftreibungen an Blättern, Halmen und Innenseiten von Blattscheiden. Diese reißen später auf und geben die Lager mit den Brandsporen frei. Die Ähren bleiben meist mit den Grannen in der Blattscheide hängen oder werden teilweise gar nicht geschoben. Der Befall in der Ähre ähnelt in gewisser Weise einem Flugbrandbefall. Infizierte Pflanzen sind meist verkürzt und haben eine geringere Standfestigkeit.

Bedeutung:
Die Krankheit bleibt meist wegen des gewöhnlich geringen Befallsgrades unauffällig. Roggenstängelbrandbefall kann in Saatgutvermehrungsbeständen zu Beanstandungen führen und Beizauflagen bzw. Aberkennung der Saatgutver-mehrung zur Folge haben.

Krankheitserreger

An den erkrankten Pflanzen werden schwarze Sporenmassen gebildet, die über das Saatgut übertragen werden (samenbürtig). Eine Übertragung ist auch über Sporen im Boden möglich, vor allem im Jahr nach stärkerem Stängelbrandbefall bei neuerlichem Roggenanbau. Die Pflanzen werden durch die auskeimenden Sporen während der Keimung infiziert. Der Pilz wächst in der Pflanze sprossauf-wärts und löst die beschriebenen Symptome aus. Die Optimaltemperatur für die Infektion liegt bei 13 bis 17 °C. Daher sind Winterroggenfrühsaaten stärker gefährdet.

Gegenmaßnahmen

1. Verwenden von gesundem Saatgut (Original-Saatgut).
2. Saatgutbeizung.
3. Fruchtfolge: Nach einem Auftreten von Roggenstängelbrand kein Roggen-anbau im nächsten Jahr auf der gleichen Fläche. Mögliche Sporenanwehungen von benachbarten kranken Roggenbeständen sind zu berücksichtigen.
4. Unkrautbekämpfung: Quecke als Wirtspflanze ausschalten.
5. Anbautermin: Frühsaaten sind stärker gefährdet.
6. Reinigung von Geräten (Sämaschine, Mähdrescher) und Lagerräumen, die mit infiziertem Saatgut in Kontakt gekommen sind.

ZWERGSTEINBRAND
Tilletia controversa

gesunde Körner

Brandbutten

Schaden

Auftreten:

Zwergsteinbrand tritt nur in kühleren und gemäßigten Klimagebieten auf. In Österreich kommt der Zwergsteinbrand aufgrund der spezifischen Temperaturansprüche hauptsächlich in Anbaulagen zwischen 350 bis 500 m Seehöhe mit hohem Weizenanteil (über 20 %) und einer mindestens 60 Tage dauernden geschlossenen Schneedecke vor. Neben Winterweizen werden auch Dinkel und in seltenen Fällen auch Roggen und einige Gräserarten befallen. Sommerweizen wird in der Regel nicht befallen.

Erkennung:

Wie beim Weizensteinbrand werden anstatt der Körner Brandbutten gebildet, die Sporen enthalten. Beim Zwergsteinbrand sind diese Brandbutten allerdings meist kleiner, runder und fester. Befallene Pflanzen sind stärker bestockt und die Halme sind stark eingekürzt. Oft ist der Haupttrieb gesund, die Nebentriebe aber befallen. Die Unterscheidung vom Gewöhnlichen Steinbrand ist wegen einer starken Witterungsabhängigkeit der Symptomausprägung nicht immer einfach. Unter dem Mikroskop zeigen Zwergsteinbrandsporen im Vergleich zu Sporen des gewöhnlichen Steinbrandes erhöhte Netzleisten.

Brandbutte einer befallenen Ähre

Bedeutung:

Die Ertragsausfälle durch Zwergsteinbrand entsprechen der Befallshäufigkeit und können über 50 % erreichen. In Saatgutvermehrungsbeständen kann Befall mit Zwergsteinbrand zu Beanstandungen führen und Beizauflagen bzw. Aberkennung der Saatgutvermehrung zur Folge haben.

Krankheitserreger

Die in den Brandbutten gebildeten Sporen werden bei der Ernte auf den Boden und das Erntegut verteilt. Eine Verbreitung der Krankheit ist über infiziertes Saatgut und auch über Stroh möglich; der Hauptübertragungsweg läuft jedoch über den Boden, wo die Sporen bis zu zehn Jahre lebensfähig bleiben. Die Zwergsteinbrandsporen an der Bodenoberfläche erhalten durch Lichteinwirkung die Keimstimmung. Wenn die Pflanze zu diesem Zeitpunkt im empfindlichen Keimlingsstadium oder bei der Anlage von Seitenknospen ist, kann der Pilz die Pflanzen infizieren. Anhaltend feucht-kühle Witterungsbedingungen während des empfindlichen Jugendstadiums fördern den Befall mit Zwergsteinbrand. Sommerweizen wird in der Regel nicht befallen.

Gegenmaßnahmen

1. Verwenden von gesundem Saatgut (Original-Saatgut).
2. Einhalten einer gesunden Fruchtfolge: nach Möglichkeit Anbau von Sommerweizen anstelle von Winterweizen.
3. Saatgutbeizung:
   a. Beizung wie gegen den Gewöhnlichen Steinbrand verhindert die Übertragung der Krankheit über das Saatgut.
   b. Beizung mit Spezialbeizmitteln bewirkt darüber hinaus einen Schutz gegenüber der Infektion vom Boden aus.

49

SCHNEESCHIMMEL
Monographella nivalis

Befallene Getreidepflanzen nach der Schneeschmelze

Schaden

Auftreten:
Schneeschimmel kann an allen Wintergetreidearten auftreten. Augenfällig wird der Krankheitsbefall unmittelbar nach der Schneeschmelze. Betroffen sind vor allem alpine und schneereiche Anbaulagen.

Erkennung:
Nach der Schneeschmelze liegen die Blätter der jungen Getreidepflanzen nesterweise dicht am Boden und zeigen ein helles bis leicht rötliches, in der Regel rosafarbenes Erscheinungsbild. In der Folge verfärbt sich das zunächst rosafarbene Pilzmyzel schmutzig grau, die Pflanzen trocknen ein und hinterlassen Fehlstellen.

Bedeutung:
In schneereichen und alpinen Anbaulagen ist der Schneeschimmel eine der gefährlichsten Getreidekrankheiten. Schwacher Befall führt zu einer Bestandesausdünnung und zu Fehlstellen. Bei starkem Befall ist oft ein Umbruch bzw. eine Neubestellung notwendig.

Krankheitserreger

Der Pilz *Microdochium nivale* überdauert vor allem auf Pflanzenresten im Boden. Befallenes Saatgut kann ein weiterer Ausgangspunkt für Schneeschimmelbefall sein und führt zu schlechtem und verzögertem Feldaufgang. Keimschäden gehen immer auf Saatgutbefall zurück. Schneeschimmelbefall wird durch üppig entwickelte Getreidebestände, hohe Luftfeuchtigkeit und Temperaturen nahe dem Gefrierpunkt stark gefördert. Besonders günstige Entwicklungsbedingungen findet der Pilz vor, wenn Schnee auf ungefrorenen Boden fällt bzw. die Schneedecke lange anhält.

Gegenmaßnahmen

1. Anbau von resistenten bzw. wenig anfälligen Sorten.
2. Verwendung von gebeiztem Saatgut: Spezialbeizmittel schützen auch vor Infektion vom Boden aus.
3. Fruchtfolge: Nicht Wintergetreide nach Wintergetreide anbauen.
4. Beseitigung infizierter Ernterückstände durch mischende und wendende Bodenbearbeitung.
5. Anbauzeitpunkt: Keine extrem frühe oder späte Saat der Winterungen.
6. Zeitige N-Düngung im Frühjahr bei geschädigten Pflanzen.

TYPHULA-FÄULE
Typhula incarnata, Typhula ishikariensis

Abgestorbene Getreideblätter, dazwischen Sklerotien
des Pilzes

Schaden

Auftreten:
Typhula-Fäule kommt in kühlen, gemäßigt feuchten Klimagebieten vor und kann alle Getreidearten befallen. Wintergerste ist am anfälligsten. In Österreich sind in erster Linie schneereiche Anbaugebiete betroffen.

Erkennung:
Nach der Schneeschmelze sind einzelne, nesterweise oder auch großflächig vergilbte Pflanzen, deren äußere, ältere Blätter absterben, zu finden. Die jüngeren, grünen Blätter sind schmal und starr aufgerichtet, die Pflanzen sind weniger stark bestockt. Bei einem starken Befall kann es zu einem Absterben der ganzen Pflanze kommen. Die Symptome sind ähnlich jenen des Schneeschimmels. Charakteristisch für Typhula-Fäule sind die dunkelbraunen bis schwarzen, kugeligen, kleesamengroßen Sklerotien des Pilzes, die auf der ganzen Pflanze, v. a. aber auf der Blattunterseite und im Inneren des vermorschten Gewebes zu finden sind.

Bedeutung:
Befall mit Typhula-Fäule kann in Regionen mit lang anhaltender Schneedecke zu nesterweisen bis ganzflächigen Auswinterungsschäden vor allem bei Wintergerste führen. Ausgedünnte Bestände sind in ihrer Ertragsbildung beeinträchtigt.

Krankheitserreger

Der Pilz lebt überwiegend als Schwächeparasit an abgestorbenem Pflanzenmaterial und überdauert den Sommer mittels der gebildeten Sklerotien an der Bodenoberfläche. Im Herbst bildet sich aus den Sklerotien ein Pilzmyzel, und die Pflanzen werden vom Boden aus über oberirdische Pflanzenteile bzw. über die Wurzeln infiziert.
Alle Einflüsse, die zu einer Schwächung der Pflanzen beitragen (Mehltaubefall im Herbst, Staunässe), fördern den Typhulabefall. Ideale Entwicklungsbedingungen findet der Pilz unter einer frühen Schneedecke auf nicht gefrorenem Boden.

Gegenmaßnahmen

1. Anbau von wenig anfälligen Sorten.
2. Fruchtfolge: Ein hoher Wintergerstenanteil wirkt befallsfördernd.
3. Anbauzeitpunkt: Ein später Anbautermin verringert das Infektionsrisiko.
4. Saatgutbeizung: Die zurzeit zur Verfügung stehenden Beizmittel entwickeln nur eine Teilwirkung.

NETZFLECKENKRANKHEIT
Drechslera teres

Netzfleckenkrankheit auf Gerste

Schaden

Auftreten:
Die Netzfleckenkrankheit kann an Winter- und Sommergerste vom Keimlingsstadium bis zur Reife in allen Gerstenanbaugebieten Österreichs auftreten.

Erkennung:
Die ersten Symptome in Form von braunen Flecken mit netzförmiger Zeichnung können sich schon auf Keimpflanzen zeigen. Der Name dieser Krankheit leitet sich von den hellbraunen Flecken mit der darin enthaltenen dunkelbraunen, unregelmäßig verteilten Netzstruktur ab. Im weiteren Krankheitsverlauf dehnen sich die Flecken aus, fließen zusammen und es entwickeln sich dunkelbraune, längere Streifen, die an den Rändern das typische netzförmige Krankheitsbild aufweisen. Dieses Krankheitsbild ist ähnlich dem der Streifenkrankheit der Gerste. Im Gegensatz zur Streifenkrankheit der Gerste beeinträchtigt die Netzfleckenkrankheit das Ährenschieben nicht. Neben dem beschriebenen typischen Netz-Typ der Netzfleckenkrankheit unterscheidet man aufgrund der Symptome auch den Spot-Typ. Dieser führt zu dunkelbraunen, elliptischen Blattflecken unterschiedlicher Ausdehnung ohne Netzstruktur, meist umgeben von einem gelben Hof. Braunverfärbung der Körner kann auf Befall mit der Netzfleckenkrankheit zurückzuführen sein.

Bedeutung:
Die Netzfleckenkrankheit ist eine der wichtigsten Gerstenkrankheiten. In niederschlagsreichen Jahren sind bedeutende Ertrags- und Qualitätsminderungen (verringertes Tausendkorngewicht) möglich.

Krankheitserreger

Die Übertragung des Pilzes erfolgt durch das Saatgut, über Ausfallgetreide und Strohreste (samen- und bodenbürtig). In den Blattflecken werden Konidien gebildet, die durch den Wind verbreitet werden und gesunde Pflanzen infizieren können (Sekundärinfektion). Für die Sporenbildung ist eine hohe Luftfeuchtigkeit erforderlich.

Gegenmaßnahmen

1. Ernterückstände sorgfältig einarbeiten und Ausfallgetreide bekämpfen.
2. Fruchtfolge: Kein Anbau von Gerste nach Gerste.
3. Sortenwahl: Anbau wenig anfälliger Sorten.
4. Saatgutbeizung zur Ausschaltung der Samenbürtigkeit.
5. Fungizideinsatz.

BRAUNFLECKIGKEIT DER GERSTE
Drechslera sorokiniana

gesund

krank

Symptome der Braunfleckigkeit bei Gerste

Schaden

Auftreten:
Die Braunfleckigkeit tritt in Österreich vornehmlich an Winter- und Sommergerste auf, kann aber auch Weizen und eine Reihe von Kultur- und Wildgräsern befallen. Diese Krankheit äußert sich in Österreich in erster Linie als Blattkrankheit, seltener als Keimlings- und Fußkrankheit.

Erkennung:
Symptome der Braunfleckigkeit können an allen Teilen der Pflanze auftreten. Beim relativ seltenen Wurzelbefall sind die Wurzeln schwarz verfärbt und vermorscht. Bei Keimlingsbefall sind längliche Flecken an der Koleoptile zu finden, teilweise sterben die Keimlinge vor dem Auflaufen ab. Halmknotenbefall führt zu einer Dunkelfärbung der Halmknoten und kann bei starkem Befall zu Halmbruch am oberen Knoten führen. An den Blättern äußert sich der Befall meist durch spindelförmige Flecken. Teilweise können diese aber auch punktförmig und mehr oder minder scharf abgegrenzt sein. Befall mit Braunfleckigkeit kann auch Verfärbungen an den Spelzen, Grannen und an den Körnern im Embryobereich auslösen. Die Merkmale variieren sehr stark, die Diagnose muss durch eine Untersuchung im Labor abgesichert werden.

Bedeutung:
Die Krankheit kann vor allem in feucht-warmen Getreideanbaugebieten Ertragsausfälle verursachen. Im Vergleich zu den wichtigen Gerstenkrankheiten (Mehltau, Netzflecken, Zwergrost, Rhychosporium) ist die Bedeutung eher gering.

Krankheitserreger

Die Übertragung der Braunfleckigkeit erfolgt hauptsächlich über infizierte Ernterückstände im Boden, kann aber auch über das Saatgut erfolgen. Die gebildeten Konidien werden durch den Wind verbreitet und keimen auf der Blattoberfläche. Temperaturen über 20 °C und Feuchtigkeit fördern die Infektion und Ausbreitung der Braunfleckigkeit.

Gegenmaßnahmen

1. Ernterückstände sorgfältig einarbeiten und Ausfallgetreide bekämpfen.
2. Fruchtfolge: Einhaltung einer geregelten Fruchtfolge.
3. Sortenwahl: Anbau wenig anfälliger Sorten. In Österreich sind die Sorten diesbezüglich noch nicht ausreichend geprüft.
4. Verwenden von gesundem Saatgut (Original-Saatgut).
5. Saatgutbeizung.

RHYNCHOSPORIUM-BLATTFLECKENKRANKHEIT
Rhynchosporium secalis

Rhynchosporium-Blattflecken an Sommergerste

Schaden

Auftreten:
Diese Krankheit tritt an Gerste und Roggen vorzugsweise unter feuchten Witterungsverhältnissen auf. Erste Infektionen und Symptome können schon im Herbst auftreten, verstärkt kann die Krankheit im Frühjahr und im weiteren Verlauf der Getreideentwicklung beobachtet werden.

Erkennung:
Kennzeichen der Krankheit sind Flecken auf Blättern und Blattscheiden, die anfangs wässrig und bläulich grau, oft unregelmäßig oval sind und eine Größe von 1 bis 2 cm aufweisen. Bei Gerste sind die Flecken mit einem bis zu 2 mm breiten braunen Rand umgeben. Bei Roggen fehlt dieser Rand. Die ersten Symptome treten meist an den unteren Blättern in den Blattachseln auf.

Bedeutung:
Die Rhynchosporium-Blattfleckenkrankheit ist eine bedeutende Krankheit in Gerste und Roggen. Die Minderung der Assimilationsfläche führt zu einer geringeren Kornzahl je Ähre und einem geringerem Tausendkorngewicht. In kühl-feuchten Lagen bzw. bei feucht-kühler Witterung sind in einzelnen Jahren Ertragseinbußen von 25 % und mehr möglich.

Krankheitserreger

Der Pilz *Rhynchosporium secalis* überdauert den Winter auf infizierten Ernterückständen und Winter- bzw. Ausfallgetreide. Eine Übertragung ist zwar auch mit dem Saatgut möglich, hat aber nur geringe Bedeutung. Die Sekundärinfektion im Bestand erfolgt durch die auf den Blattflecken gebildeten Konidien, die durch Regenspritzer verbreitet werden. Daher sind Regenperioden im Frühjahr befallsfördernd. Für die Bildung der Konidien ist eine hohe relative Luftfeuchtigkeit (>95 %) notwendig, für eine erfolgreiche Infektion eine lange Blattnässedauer. Das Temperaturoptimum liegt zwischen 15 und 20 °C. Aufgrund der hohen Ansprüche an die Feuchtigkeit ist die Krankheit hauptsächlich unter feuchten Witterungsverhältnissen bzw. in feucht-kühlen Lagen von Bedeutung.

Gegenmaßnahmen

1. Ernterückstände sorgfältig einarbeiten und Ausfallgetreide bekämpfen.
2. Einhaltung einer geregelten Fruchtfolge.
3. Sortenwahl: Anbau wenig anfälliger Sorten.
4. Saatgutbeizung zur Ausschaltung der Samenbürtigkeit.
5. Fungizideinsatz.

STREIFENKRANKHEIT DES HAFERS
Drechslera avenae

Schadbild der Streifenkrankheit auf verschiedenen Pflanzenteilen

Schaden

Auftreten:
Die Streifenkrankheit des Hafers tritt in Österreich weit verbreitet auf und kann vom Jugendstadium bis zur Reife beobachtet werden.

Erkennung:
Die ersten deutlich sichtbaren Symptome erscheinen schon auf den jungen Blättern in Form von länglichen bis ovalen, einigen Millimeter großen, meist intensiv violettroten Blattflecken. In weiterer Folge entwickeln sich rötlich braune bis braune Nekrosen, die häufig von den Blattadern begrenzt sind und zu Streifen zusammenfließen können. Saatgutbefall verursacht eine Minderung der Triebkraft, teilweise auch das Absterben des Keimlings vor oder nach dem Aufgang.

Bedeutung:
Saatgutverseuchung führt zu einem schlechten Aufgang und zum Ausfall einzelner Pflanzen, der aber in der Regel von Nachbarpflanzen kompensiert werden kann. Befall in fortgeschrittenem Entwicklungsstadium löst direkte Ertragsverluste aus. In Saatgutvermehrungsbeständen kann Befall mit Streifenkrankheit zu Beanstandungen führen und Aberkennung der Saatgutvermehrung zur Folge haben.

Krankheitserreger

Der Pilz *Pyrenophora avenae* überdauert am Saatgut in Form eines Dauermyzels und ist dort auch noch nach zehn Jahren keimfähig. Der Samen zeigt äußerlich keine Befallssymptome, der Pilz befindet sich an den Innenseiten der Spelzen und an der Fruchtwand des Haferkorns. Starker Primärbefall wird durch niedrige Temperaturen (<6 bis 8 °C) während der Keimphase begünstigt. Bei höheren Temperaturen kann die Pflanze dem Pilz auch davonwachsen. Auf den ersten Blattflecken werden bei hoher Luftfeuchtigkeit Konidien gebildet, die durch den Wind verbreitet werden. Gelangen diese Konidien durch geöffnete Spelzen (insbesondere während der Haferblüte) an das Korn, ist der Entwicklungszyklus geschlossen.

Gegenmaßnahmen

1. Verwendung von gesundem Saatgut (anerkanntes Saatgut).
2. Sortenwahl: Anbau wenig anfälliger Sorten.
3. Saatgutbeizung.

SEPTORIA-BLATTDÜRRE DES WEIZENS
Septoria tritici

Blattflecken mit schwarzen Pyknidien

Schaden

Auftreten:
Septoria-Blattdürre des Weizens tritt bereits sehr zeitig nach Vegetationsbeginn auf. Die Krankheit ist vor allem in feucht-kühlen Anbaugebieten (z. B. im Alpenvorland) zu finden.

Erkennung:

Die ersten Symptome zeigen sich teilweise bereits während der Bestockung in Form von länglichen, hellbraunen Flecken mit gelber Randzone. In weiterer Folge entwickeln sich streifige, durch die Blattadern begrenzte Blattflecken, die in Reihen angeordnete, schwarze Pyknidien enthalten. Bei starkem Befall fließen die Blattflecken unregelmäßig zusammen und die Blätter sterben ab und vertrocknen. Auf einem Weizenblatt treten oft gleichzeitig die Septoria-Blattdürre *(S. tritici)* und die Septoria-Blattfleckenkrankheit *(S. nodorum)* auf. Die Unterscheidung ist anhand der Fruchtkörper möglich.

Bedeutung:

Die Krankheit führt vor allem in Jahren mit feucht-kühler Witterung durch die Verringerung der Assimilationsfläche zu teils beträchtlichen Ertragsverlusten. Durch eine Änderung der Wirtschaftsweisen (frühere Aussaattermine, konservierende Bodenbearbeitungsverfahren u. a.) hat die Septoria-Blattdürre in den letzten Jahren an Bedeutung gewonnen.

Krankheitserreger

Der Pilz überdauert auf befallenen Strohresten und Ausfallgetreide. Auf dem Stroh werden noch im Spätsommer und Herbst Ascosporen gebildet, die den Winterweizen im Jugendstadium im Herbst infizieren können. Die sekundäre Ausbreitung im Bestand erfolgt durch Sporen, die durch Wind und Regenspritzer übertragen werden. Der Erreger hat geringe Temperaturansprüche (Minimum 4 °C, Optimum 20 bis 25 °C), stellt aber hohe Ansprüche an die Feuchtigkeit. Mit hohem Infektionserfolg ist erst bei einer Blattnässedauer von 35 Stunden und darauf folgenden 48 Stunden mit hoher relativer Luftfeuchtigkeit (>80 %) zu rechnen. Bei anhaltend warm-trockener Witterung kann sich diese Krankheit daher kaum ausbreiten.

Gegenmaßnahmen

1. Sorgfältige Einarbeitung der Ernterückstände und Bekämpfung von Ausfallgetreide.
2. Saatermin: Frühe Saat fördert das Krankheitsauftreten.
3. Fruchtfolge: Weizen nach Weizen vermeiden.
4. Düngung: Stickstoffüberdüngung vermeiden.
5. Sortenwahl: Anbau wenig anfälliger Sorten.
6. Fungizideinsatz.

DTR-BLATTDÜRRE DES WEIZENS
Drechslera tritici-repentis

Symptome der DTR-Blattdürre

Schaden

Auftreten:
Die Krankheit tritt in Weizen vor allem in späteren Entwicklungsstadien (vor bis nach dem Ährenschieben) in feucht-warmen Anbaugebieten auf. Neben Weizen werden auch Gerste und Roggen und verschiedene Gräserarten in geringem Ausmaß befallen.

Erkennung:

Erste Symptome sind rundliche, gleichmäßig hellbraun gefärbte Blattflecken auf den unteren Blattetagen. In weiterer Folge entwickeln sich die für den Krankheitserreger typischen gelben Flecken mit zentral gelegenem braunen Hof. Die Flecken werden länglich-oval und wachsen schließlich ineinander, bis das gesamte Blatt abstirbt. Die Ähren werden nur sehr selten befallen. Septoria-Blattflecken *(S. nodorum)* zeigen ein ähnliches Erscheinungsbild – eine Unterscheidung ist meist nur durch eine gute Lupe oder ein Mikroskop möglich. Bei einigen Weizensorten bilden sich DTR-ähnliche Flecken, die auf Stressfaktoren (Sonneneinstrahlung, Hitze u. a.) zurückzuführen sind.

Bedeutung:

Die Krankheit führt zu einer Minderung der Assimilationsfläche und kann bei hohem Infektionsdruck (Weizenvorfrucht, konservierende Bodenbearbeitung) und günstigen Witterungsbedingungen (feucht, warm) einen aggressiven Verlauf nehmen und hohe Ertragsverluste verursachen. Durch eine Änderung der Wirtschaftsweisen (konservierende Bodenbearbeitung, hoher Weizenanteil in der Fruchtfolge u. a.) gewinnt diese Krankheit zunehmend an Bedeutung.

Krankheitserreger

Der Pilz überdauert auf infizierten Ernterückständen an der Bodenoberfläche. Die Primärinfektion erfolgt durch auf dem Stroh gebildete Ascosporen, deren Übertragung allerdings nur über geringe Entfernungen möglich ist. In den ersten Blattflecken werden Konidiosporen gebildet, die durch den Wind über größere Entfernungen transportiert werden können. Bei Weizenvorfrucht und konservierender Bodenbearbeitung ist das Infektionsrisiko besonders hoch. Eine feuchte Witterung (mind. sechs Stunden Blattbenetzungsdauer) und Temperaturen über 20 °C fördern die Krankheitsentwicklung. Die Bedeutung der Übertragung über das Saatgut ist nicht endgültig geklärt, erscheint aber nur gering.

Gegenmaßnahmen

1. Fruchtfolge: Weizen nach Weizen vermeiden.
2. Sorgfältige Einarbeitung der Ernterückstände durch mischende und wendende Bodenbearbeitung.
3. Verhaltene Stickstoffdüngung.
4. Sortenwahl: Anbau wenig anfälliger Sorten.
5. Fungizideinsatz.

SEPTORIA-SPELZENBRÄUNE UND BLATTFLECKENKRANKHEIT

Septoria nodorum

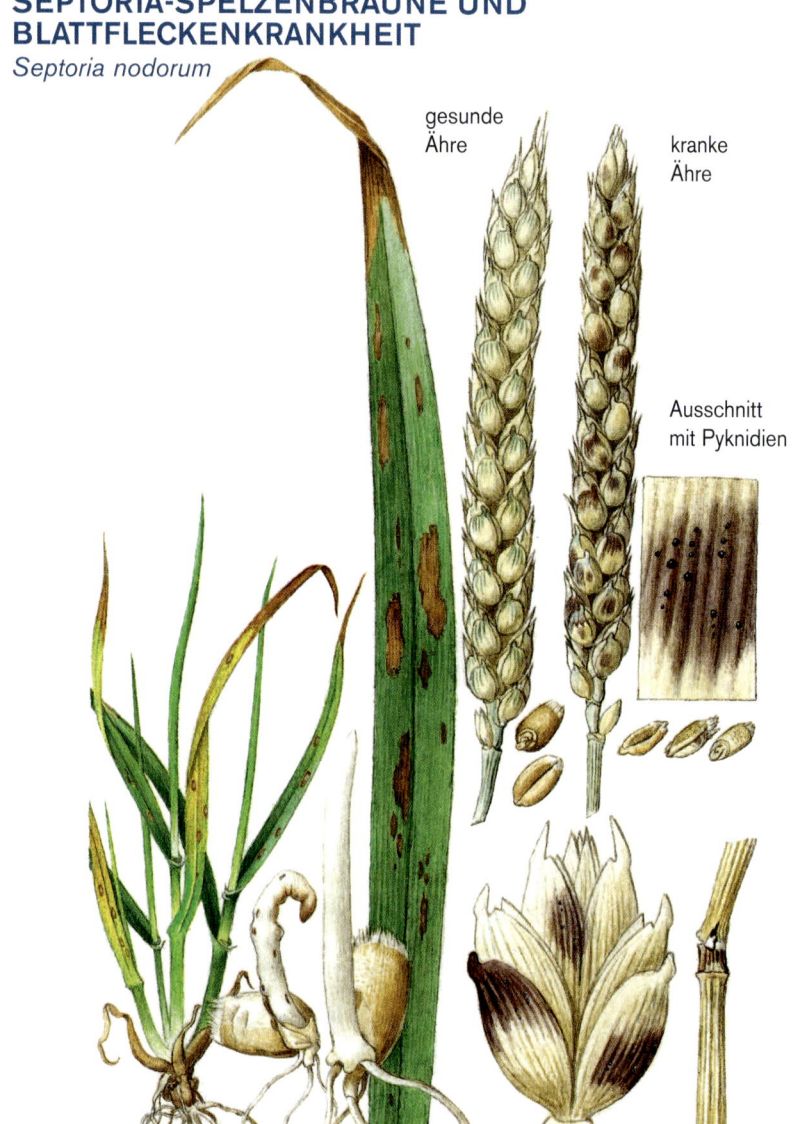

gesunde Ähre

kranke Ähre

Ausschnitt mit Pyknidien

Schaden

Auftreten:

Die Krankheit kann an Winter- und Sommerweizen von der Keimung bis zur Reife auftreten. Verstärkter Befall ist meist unter feuchten Witterungsverhältnissen zu beobachten.

Erkennung:

Die ersten Symptome sind bei Saatgutverseuchung schon bei den Keimlingen sichtbar. Die Keimscheiden sind häufig verkürzt, verkrümmt und verdreht und es bilden sich zum Teil stecknadelkopfgroße Erhebungen aus; lückenhafter und ungleichmäßiger Feldaufgang ist die Folge. Auf den Blättern bilden sich anfangs spindelförmige, in weiterer Folge zusammenfließende braune Flecken aus, die das Blatt zum Absterben bringen können. Häufig sind die ersten Flecken in den Blattachseln zu finden. Auf dem vollkommen abgestorbenen Gewebe bilden sich in weiterer Folge Pyknidien aus, die im Durchlicht honigbraun erscheinen.

Die Spelzenbräune ist das Endstadium der Krankheit und äußert sich zunächst durch kleine braunviolette Punkte an den Spelzen. Die Bräunung der Spelzen beginnt in der Regel von der Spitze her. An diesen Stellen können auch vereinzelt Pyknidien beobachtet werden. Der Pilz durchwächst die Spelzen und besiedelt so die Körner.

Bedeutung:

Diese Krankheit führt zu Notreife und kann durch ein vermindertes Tausendkorngewicht vor allem in niederschlagsreichen Jahren bedeutende Ertragsminderungen auslösen.

Krankheitserreger

Der Krankheitserreger kann auf dem Saatgut und auf befallenen Ernterückständen auf der Bodenoberfläche überdauern. Von den ersten Blattflecken geht die Infektion auf den gesamten Bestand über. Die in den Pyknidien gebildeten Sporen werden durch Wind und Regenspritzer verbreitet. Erster Befall tritt zunächst auf den unteren Blattetagen auf. In mehreren Infektionsschüben gelangt der Pilz dann auf die darüberliegenden Blattetagen und bis zur Ähre. Bei heftigen Gewittern kann sich der Erreger gleich über mehrere Blattetagen ausbreiten. Seit Kurzem wird die Nebenfruchtform des Pilzes der Gattung *Stagonospora* zugeordnet. Die korrekte Bezeichnung ist daher *Stagonospora nodorum*.

Gegenmaßnahmen

1. Verwendung von gesundem Saatgut (anerkanntes Saatgut).
2. Saatgutbeizung.
3. Sortenwahl: Anbau wenig anfälliger Sorten.
4. Sorgfältige Einarbeitung der Ernterückstände durch mischende und wendende Bodenbearbeitung.
5. Einhaltung einer geregelten Fruchtfolge.
6. Fungizideinsatz.

ÄHRENFUSARIOSE
Fusarium culmorum, Fusarium graminearum und andere Fusariumarten

Partielle Taubährigkeit durch Ährenfusariose auf Weizen

Schaden

Auftreten:
Die Symptome der Ährenfusariose werden erst während der Kornausbildung deutlich. Die Krankheit tritt speziell dann auf, wenn die Getreideblüte in eine Niederschlagsperiode fällt. Vorwiegend der Weizen, aber auch die anderen Getreidearten können befallen werden.

Erkennung:
Typische Symptome sind zunächst vorzeitiges Ausbleichen einzelner Ährchen, später ganzer Ährenabschnitte (Partielle Taubährigkeit). Der Pilz kann über das zuerst infizierte Ährchen auf die Ährenspindel durchwachsen und den Nährstofffluss unterbrechen, sodass der gesamte obere Ährenteil abstirbt und Kümmerkörner ausbildet. Bei feuchter Witterung bildet sich auf dem zuerst befallenen Ährchen ein lachsfarbener Sporenbelag, im Gegensatz dazu werden alle anderen vorzeitig abgestorbenen Ährenteile meist von Schwärzepilzen besiedelt. Von Fusarien befallene Körner sind weißlich bis leicht rötlich und schlecht ausgebildet (Kümmerkörner).

Bedeutung:
Neben den teils beträchtlichen Ertragseinbußen durch Kümmerkornbildung führt Befall mit Ährenfusariose zu einer starken Minderung der Erntequalität. Durch die Fusarienpilze werden für Mensch und Tier gefährliche Stoffwechselprodukte (sog. Mykotoxine) gebildet. Deoxynivalenol (DON) aus der Gruppe der Trichothecene und die östrogen wirkenden Zearalenone (ZON) können vor allem bei Schweinen zu Problemen bei der Futteraufnahme und der Fruchtbarkeit führen. In Weizenfruchtfolgen mit hohem Maisanteil und konservierender Bodenbearbeitung besteht erhöhtes Infektionsrisiko.

Krankheitserreger

Fusarienarten sind in Ackerböden weit verbreitet und haben einen großen Wirtspflanzenkreis, zu dem alle Hauptgetreidearten zählen. Auch Mais wird teilweise stärker befallen und hinterlässt auf Pflanzenrückständen ein hohes Inokulumpotenzial. Der Erreger überdauert hauptsächlich auf befallenen Ernterückständen, kann aber auch über das Saatgut übertragen werden. Während der Getreideblüte ist das Getreide gegenüber Fusarium-Infektionen am empfindlichsten. Der Pilz gelangt durch Sporen, die über Wind und Regenspritzer übertragen werden, in die Ähren und kann dort die typischen Symptome auslösen.

Gegenmaßnahmen

1. Beseitigung befallener Ernterückstände durch wendende Bodenbearbeitung (insbesondere bei Vorfrucht Mais).
2. Verwendung von gesundem Saatgut (anerkanntes Saatgut).
3. Saatgutbeizung.
4. Fruchtfolge: Weizen-Mais-Fruchtfolgen erhöhen das Risiko.
5. Sortenwahl: Anbau wenig anfälliger Sorten.
6. Fungizideinsatz: Die derzeit zur Verfügung stehenden Fungizide erzielen nur eine Teilwirkung. Der Fungizideinsatz ist daher nur als Ergänzung zu den angeführten vorbeugenden Maßnahmen zu sehen.

GETREIDEMEHLTAU
Erysiphe graminis

Von Getreidemehltau befallene Pflanze

Schaden

Auftreten:
Getreidemehltau befällt alle Getreidearten (Gerste, Weizen, Roggen, Hafer), eine Reihe von Kultur- und Wildgräsern und tritt vor allem bei eher trockenen Witterungsverhältnissen auf. Mehltaubefall kann in allen Entwicklungsstadien vom Jugendstadium bis zur Reife auftreten.

Erkennung:

An oberirdischen Pflanzenteilen treten kleine, weiße, etwas ausstrahlende filzige Überzüge auf, die sich abwischen lassen. Die ersten Symptome treten zunächst an den unteren Blättern und den Halmen auf. Im weiteren Krankheitsverlauf kann die gesamte Pflanze, also auch Ähren und Grannen, befallen werden. Stark befallene Blätter vergilben und sterben vorzeitig ab. Ältere Mehltaupusteln verfärben sich zu gelblichen, graubraunen Belägen. Gegen Vegetationsende bilden sich v. a. bei Weizenmehltau im Myzel eingebettete, schwarze 0,1 bis 0,2 mm große Fruchtkörper (Kleistothecien).

Bedeutung:

Früher Mehltaubefall hemmt die Bestockung und wirkt sich negativ auf die Bestandesdichte und die Kornzahl pro Ähre aus. Mehltau auf den oberen Blattetagen führt zu einer Verringerung der Tausendkornmasse und der Qualität. Bei Braugerste kann z. B. starker Mehltaubefall zu einer unerwünschten Erhöhung des Proteingehaltes im Korn führen.

Bei anfälligen Sorten und starkem Mehltaubefall kann der Ertrag in Einzelfällen um 25 % und mehr verringert werden.

Krankheitserreger

Für jede Getreideart gibt es eine spezialisierte Form des Mehltaupilzes: auf Gerste *Erysiphe graminis hordei*, auf Weizen *E. g. tritici*, auf Roggen *E. g. secalis* und auf Hafer *E. g. avenae*. Der weißliche Mehltaubelag besteht aus einem Pilzmyzel, von dem einzelne, durch den Wind übertragene Sporen abgeschnürt werden.

Der Pilz lebt an der Oberfläche der Pflanze und ernährt sich mittels spezieller Saugorgane (Haustorien), die Wasser- und Nährstoffe aus dem Pflanzengewebe aufnehmen. Die Überwinterung erfolgt als Myzel an lebenden Getreidepflanzen, die Kleistothecien sind die Hauptfruchtform des Pilzes und dienen zur Überdauerung des Sommers. Optimale Entwicklungsbedingungen findet der Mehltauerreger bei Temperaturen im Bereich von 12 bis 20 °C und bei hoher Luftfeuchtigkeit. Schwere Niederschläge hingegen schädigen das Myzel und unterbinden kurzfristig die Sporenbildung.

Gegenmaßnahmen

1. Rechtzeitige Beseitigung von Ausfallgetreide.
2. Sommergerste bzw. -weizen nicht in unmittelbarer Nähe (Hauptwindrichtung) von Wintergerste bzw. -weizen anbauen.
3. Sortenwahl: Anbau wenig anfälliger Sorten.
4. Harmonische Düngung. Hohe Stickstoffversorgung fördert den Mehltaubefall.
5. Verhinderung von Frühbefall durch Spezialbeizmittel.
6. Fungizide.

HALMBRUCHKRANKHEIT
Pseudocercosporella herpotrichoides

vermorschte,
gebrochene
Halme

Augen- oder
Medaillonflecken

Halm-
aus-
schnitt
mit
Myzel

Halmbruchkrankheit an Weizen

Schaden

Auftreten:
Die Halmbruchkrankheit kann jede Getreideart, insbesondere Weizen und
Triticale, befallen und kommt in Österreich in allen Getreideanbaugebieten bei
einseitigen Getreidefruchtfolgen vor.

Erkennung:

Erste Symptome sind schon an jungen Pflanzen in Form von unspezifischen, fleckenartigen Verbräunungen auf der äußeren Blattscheide sichtbar. Nach dem Schossen – bei spätem Infektionsverlauf nach dem Ährenschieben – entwickeln sich auf den unteren Internodien des Halms typische ovale, hellbraune, häufig dunkel umrandete Augenflecken (Medaillonflecken). An diesen Stellen durchwuchert und zerstört der Pilz das Halmgewebe, der Halm vermorscht, verliert seine Festigkeit und schließlich kommt es zur Lagerung des Getreides. Falls keine äußeren Kräfte (Wind, Regen) einwirken, liegen die Pflanzen kreuz und quer. Bei weniger starkem Befall kann es durch die frühzeitige Unterbrechung des Nährstoffflusses zu Notreife und Ausbildung von Kümmerkörnern bzw. tauben Ähren (Weißährigkeit) kommen. Blätter, Ähren und Wurzeln werden nicht befallen. Unter österreichischen Verhältnissen sind die Symptome an den Blattscheiden vor allem bei Frühjahresinfektion nicht immer einwandfrei erkennbar. Die Diagnose sollte mittels Labormethoden abgesichert werden.

Bedeutung:

Der Halmbruch ist eine weitverbreitete Fruchtfolgekrankheit, die in allen Getreideanbaugebieten Österreichs vor allem bei feuchtkühler Frühjahreswitterung auftreten kann. Starker Befall führt zu einer Unterbrechung der Wasser- und Nährstoffzufuhr, zu Kümmerkornbildung und bei Lagerung zu Ernteerschwernissen.

Krankheitserreger

Von befallenen Ernterückständen, auf denen der Halmbrucherreger bis zur völligen Zersetzung überdauern kann, wird der Pilz durch Regenspritzer über kurze Distanzen im Bestand verbreitet. Alternde Blattscheiden bieten Eintrittspforten für den Erreger, der in weiterer Folge in den Halm eindringt und dort das Halmgewebe zerstört. Genügend Feuchtigkeit und kühle Witterungsverhältnisse (5 bis 10 °C) im Frühjahr und Frühsommer sind Voraussetzung für eine erfolgreiche Infektion.

Gegenmaßnahmen

1. Fruchtfolge: Weizen als anfälligste Getreideart soll immer vor und nicht nach Gerste gestellt werden.
2. Sorgfältige Stoppelbearbeitung zur Beseitigung von Ausfallgetreide und zur Förderung der Strohrotte.
3. Sortenwahl: Standfeste Sorten bevorzugen. Hinsichtlich Anfälligkeit gegenüber Halmbruch sind die Sorten in Österreich noch nicht ausreichend geprüft.
4. Einsatz von Wachstumsregulatoren zur Verbesserung der Standfestigkeit.
5. Fungizideinsatz.

SCHWARZBEINIGKEIT
Gaeumannomyces graminis

gesunde Wurzel
und gesunde Ähre

Schwarz-
ährigkeit

kranker Wurzel-
bereich

Schwarzbeinigkeit an Weizen

Schaden

Auftreten:
Die Krankheit kann vor allem Weizen befallen, in geringerem Maße auch Triticale, Roggen und Gerste, Hafer wird nicht befallen. Winterungen werden stärker als Sommerungen geschädigt. Schwarzbeinigkeit tritt vorwiegend auf leichten Böden sowie bei tief greifenden Fruchtfolge- und Kulturfehlern auf.

Erkennung:
Durch die Unterbrechung der Wasser- und Nährstoffversorgung kommt es zu den für Fuß- und Halmkrankheiten typischen Symptomen der Weißährigkeit, der verminderten Kornausbildung und der Notreife. Von Schwarzbeinigkeit befallene weißährige Pflanzen können leicht aus dem Boden herausgezogen werden, weil die zerstörten Wurzeln morsch sind und abreißen. Der Wurzelhals und die Blattscheiden sind durch die Laufhyphen schwarz verfärbt. An der Ähre siedeln sich in weiterer Folge Schwärzepilze an, auch die Wurzel und Wurzelhalsregion werden von einer Reihe unspezifischer Pilze befallen.

Bedeutung:
Schwarzbeinigkeit kann in feuchteren Anbaugebieten hauptsächlich auf Böden mit schlechtem Garezustand und hohem Weizenanteil in der Fruchtfolge zu Ertragseinbußen führen.

Krankheitserreger

Der Erreger *Gaeumannomyces graminis* überlebt in einer saprophytischen Phase als Myzel auf befallenen Stoppelresten, wo er mehrere Jahre ohne Wirtspflanze überdauern kann. Die Infektionskette kann auch auf Ausfallgetreide und Ungräsern (Quecke) fortgesetzt werden. Herrschen für den Pilz günstige Bedingungen vor (12 bis 20 °C, Niederschläge), so kann er durch die Ausbildung von Laufhyphen zu den Wurzeln der jungen Getreidepflanzen vordringen und diese durch Infektionshyphen infizieren. Der Pilz durchbricht die Wurzelepidermis und zerstört in weiterer Folge die Leitungsbahnen.

Gegenmaßnahmen

1. Einhaltung einer geregelten Fruchtfolge. Ein hoher Weizenanteil wirkt befallsfördernd.
2. Sorgfältige Stoppelbearbeitung zur Beseitigung von Ausfallgetreide und Förderung der Strohrotte.
3. Förderung des Bodenlebens (Erhöhung des antiphytopathogenen Potenzials) durch reichliche Zufuhr organischer Substanz und durch garefördernde Bodenbearbeitung.
4. Aussaattermin: Eine frühe Aussaat von Winterungen erhöht das Befallsrisiko.
5. Saatgutbeizung.

SCHWARZROST
Puccinia graminis

Schwarzrostbefall an Stängel und Blättern

Schaden

Auftreten:

Vom Schwarzrost werden alle Getreidearten, insbesondere jedoch Weizen, Roggen und Hafer sowie eine Reihe von Kultur- und Wildgräsern befallen. Diese Krankheit kann unter feucht-warmen Witterungsverhältnissen während des Frühsommers (z. B. in Kärnten) und in klimatischen Staulagen häufiger beobachtet werden.

Erkennung:

An allen oberirdischen Pflanzenteilen, speziell aber auf Halmen und Blattscheiden, entstehen ziegelrote bis schokoladenbraune Sommersporenlager. Die Sporenlager sind häufig streifig angeordnet und mit den Resten der spaltförmig aufgerissenen Epidermis umgeben. Einzelne Rostpusteln können eine Länge von 1 cm erreichen. Im weiteren Krankheitsverlauf bilden sich (ab einem bestimmten Reifestadium des Getreides) lang gestreckte schwarze Wintersporenlager. Diese gehen häufig aus den Sommersporenlagern hervor und sind ebenfalls von den Resten der aufgesprengten Epidermis umgeben.

Bedeutung:

Schwarzrost ist eine wichtige Rostkrankheit und kann bei starkem Befall erhebliche Ertragseinbußen durch Minderung des Tausendkorngewichtes auslösen.

Krankheitserreger

Schwarzrost des Getreides ist ein Sammelbegriff (Artbegriff) innerhalb der Rostpilze. Der Krankheitserreger ist auf verschiedene Wirtspflanzen spezialisiert. Auf Weizen (und Gerste) die Spezialform (formae specialis) *Puccinia graminis tritici*, auf Roggen *P. g. secalis* und auf Hafer *P. g. avenae*.

Schwarzrost ist ein wirtswechselnder Pilz mit vollständigem Entwicklungszyklus. Er überwintert zunächst in Form der Teleutosporen (Wintersporenlager) auf befallenen Ernterückständen an der Bodenoberfläche. Die Teleutosporen keimen im Frühjahr, die gebildeten Basidiosporen können das Getreide nicht infizieren, sondern brauchen für ihre weitere Entwicklung einen Zwischenwirt, die Berberitze *(Berberis vulgaris* L*)*, auch Sauerdorn genannt. Auf der Berberitze entwickeln sich in becherförmigen Gebilden (Acidien) auf der Blattunterseite Aecidiosporen, die das Getreide infizieren können. Auf dem Getreide erfolgt die Bildung von Uredosporen in sogenannten Sommersporenlagern, die die Krankheit im Bestand ausbreiten. Erst beim Eintreten eines gewissen Reifestadiums des Getreides entwickeln sich Wintersporenlager mit Teleutosporen und der Entwicklungszyklus ist geschlossen. Bedingt durch den notwendigen Wirtswechsel und durch die hohen Temperaturansprüche tritt der Schwarzrostpilz relativ spät im Jahr auf.

Gegenmaßnahmen

1. Sortenwahl: Anbau wenig anfälliger Sorten.
2. Ernterückstände sorgfältig einarbeiten. Mischende und wendende Bodenbearbeitung.
3. Bei Neuanpflanzung von Windschutzgürteln u. a. sollte auf Berberitzensträucher verzichtet werden.
4. Fungizideinsatz.

WEIZEN- UND ROGGENBRAUNROST
Puccinia recondita

Sporenlager des Braunrostes

Schaden

Auftreten:
Braunrost tritt vor allem im pannonischen Klimagebiet bei Weizen, Roggen und Triticale auf und ist verstärkt nach dem Schossen zu beobachten.

Erkennung:
Die verstreut liegenden, ockerbraunen Sporenlager (Sommersporenlager) sind hauptsächlich auf der Blattoberseite zu finden, treten aber gelegentlich auch auf den Blattunterseiten, Blattscheiden und Halmen auf. Die schwarzbraunen, länglichen Wintersporenlager bilden sich gegen Ende der Vegetationsperiode auf der Blattunterseite, teilweise auch auf den Blattscheiden. Im Gegensatz zu Schwarzrost bleiben die Wintersporenlager von der Epidermis bedeckt.

Bedeutung:
Braunrostbefall führt vornehmlich in warmen Anbaulagen und Jahren bei spät abreifenden Getreidearten und Sorten zu teilweise recht deutlichen Ertragsverlusten von bis zu 20 %.

Krankheitserreger

Verschiedene Spezialformen (formae speciales) der Art *Puccinia recondita* sind auf die unterschiedlichen Getreidearten spezialisiert. Der Erreger des Weizenbraunrostes ist *Puccinia recondita* f. sp. *tritici*, der Roggenbraunrost wird durch *Puccinia recondita* f. sp. *recondita* ausgelöst.
Der Weizenbraunrost hat einen wirtswechselnden Zyklus – als Zwischenwirt dient vor allem die Wiesenraute *(Thalictrum* spp.*)*. Er überdauert aber hauptsächlich in Form von Uredosporen und als Myzel an Ausfall- und Wintergetreide. Auch bei Roggenbraunrost liegt ein wirtswechselnder Zyklus vor – als Zwischenwirt dient in erster Linie die Ochsenzunge *(Anchusa officinalis)*. Dieser ist aber wie beim Weizenbraunrost nicht obligatorisch, weil die Überwinterung in Form von Uredosporen möglich ist.
Günstige Entwicklungsbedingungen für Braunrost liegen bei hohen Tagestemperaturen (20 bis 26 °C), nicht zu kühlen Nachttemperaturen (>12 °C) mit starker Taubildung bzw. Niederschlag am Abend vor. Durch die bei günstigen Bedingungen kurze Generationszeit kann sich der Befall nach dem Ährenschieben sehr schnell ausbreiten.

Gegenmaßnahmen

1. Sortenwahl: Anbau wenig anfälliger Sorten.
2. Sorgfältige Stoppelbearbeitung zur Bekämpfung von Ausfallgetreide.
3. Fungizideinsatz.

ZWERGROST DER GERSTE
Puccinia hordei

Starker Zwergrostbefall auf dem Fahnenblatt bei Wintergerste

Schaden

Auftreten:
Der Zwergrost tritt an Winter- und Sommergerste meist um den Zeitpunkt des Ährenschiebens vor allem im pannonischen Klimagebiet auf.

Erkennung:
Zwergrost bildet relativ kleine, meist kreisrunde Rostpusteln auf der Blattoberseite, seltener auf Blattscheiden, Halmen, Spelzen und Grannen. Oft sind die Pusteln von einem chlorotischen Hof vom Blattgrün abgegrenzt. Unter ungünstigen Bedingungen für den Pilz bilden sich nur schwer zu diagnostizierende, kleine Chlorosen oder Nekrosen. Starker Befall bringt befallene Blätter zum Absterben und führt zu einer Notreife. Zur Reife entstehen meist an der Blattunterseite unter der Epidermis schwärzliche, kleine Wintersporenlager mit Teleutosporen.

Bedeutung:
Die Krankheit kommt in allen Anbaugebieten vor und tritt verstärkt in warmen und trockenen Jahren auf. Frühzeitiger Befall kann erhebliche Ertrags- und Qualitätseinbußen auslösen.

Krankheitserreger

Puccinia hordei ist ein wirtswechselnder Pilz und kann einen vollständigen Entwicklungszyklus durchlaufen. Als Zwischenwirt dienen hauptsächlich Milchsternarten *(Ornithogalum spp.)*. Unter österreichischen Bedingungen lebt der Rostpilz das ganze Jahr über im Uredostadium auf seinem Hauptwirt. Nach der Abreife überdauert er auf Ausfallgetreide und in weiterer Folge auf Frühsaaten von Wintergerste. Die Uredosporen des Pilzes können mit dem Wind über große Entfernungen verbreitet werden. Günstige Bedingungen für die Sporenkeimung liegen bei Temperaturen zwischen 15 und 20 °C und bei 100 % Luftfeuchtigkeit vor.

Gegenmaßnahmen

1. Sortenwahl: Anbau wenig anfälliger Sorten.
2. Beseitigung von Ausfallgetreide durch sorgfältige Stoppelbearbeitung.
3. Anbautermin: Wintergerste nicht zu früh anbauen, Sommergerste hingegen zeitig.
4. Sommergerste nicht in unmittelbarer Nähe (Hauptwindrichtung) von Wintergerste anbauen.
5. Fungizideinsatz.

GELBROST
Puccinia striiformis

Die Sporenlager bilden sich streifenförmig aus.

Schaden

Auftreten:
Gelbrost befällt hauptsächlich Weizen und Triticale, in geringerem Ausmaß auch Gerste und Roggen. Der Pilz bevorzugt atlantische Klimaverhältnisse und kommt daher eher in den kühleren und feuchteren Getreideanbaugebieten

Österreichs vor. Auf anfälligen Sorten kann der Pilz auch im Trockengebiet ertragsrelevant auftreten.

Erkennung:
Gelbrostbefall äußert sich durch leuchtend gelbe Sporenlager, die zunächst auf der gesamten Blattspreite verstreut vorkommen und im weiteren Krankheitsverlauf streifenförmig zwischen den Blattadern auftreten. Auch Spelzen, Grannen, seltener Blattscheiden und Halme können befallen werden. Bei hochanfälligen Sorten und starkem Befall verschmelzen die streifenförmigen Sporenlager miteinander, bedecken große Teile des Blattes und führen zu einer Notreife. Einige Sorten reagieren auf Gelbrostbefall auch mit untypischen chlorotischen Aufhellungen. In frühen Epidemiestadien tritt der Gelbrost nesterweise im Bestand auf. Vor der Abreife werden vornehmlich blattunterseits braunschwarze Teleutosporen gebildet, die meist lange von der Epidermis bedeckt bleiben.

Bedeutung:
Gelbrost tritt vor allem nach milden Wintern und feucht-kühler Frühjahrswitterung auf und kann bei anfälligen Sorten zu Ertragseinbußen bis zu 50 % und mehr führen. Besonders ertragsschädigend wirkt sich der Befall auf Fahnenblätter und Spelzen aus.

Krankheitserreger

Der Gelbrost besitzt einen unvollständigen Entwicklungszyklus, ein Zwischenwirt ist nicht bekannt. Die braunschwarzen Teleutosporen haben keine besondere biologische Funktion. Als obligater Parasit benötigt *Puccinia striiformis* das ganze Jahr über eine lebende Wirtspflanzenkette. Die Überwinterung erfolgt mittels Uredosporen oder als Myzel (Pilzgewebe) an Ausfall- und Wintergetreide. Bei Frost sterben die Sporenlager ab, in strengen Wintern auch das Myzel. Die typischen streifenförmigen Sporenlager bilden sich durch die halbsystemische Ausbreitung des Pilzes im Blattgewebe aus, wobei die Blattadern nicht durchwachsen werden können. Es reicht daher schon eine geringe Anzahl von Primärinfektionen aus, um einen starken Befall auszulösen. Für die Ausbreitung der Krankheit ist allgemein feuchtes, nicht zu warmes Wetter mit kühlen Nächten beste Voraussetzung, trockene, heiße Wetterperioden dämmen die Krankheit ein.

Gegenmaßnahmen

1. Sortenwahl: Anbau wenig anfälliger Sorten.
2. Sorgfältige Stoppelbearbeitung zur Bekämpfung von Ausfallgetreide und Ungräsern.
3. Fungizideinsatz.

HAFERKRONENROST
Puccinia coronata

Uredosporenlager des Haferkronenrostes auf der Blattoberseite

Schaden

Auftreten:
Kronenrost tritt vorzugsweise auf Kulturhafer, aber auch auf einer großen Zahl von Kultur- und Wildgräsern auf. Die Krankheit ist meist bei einem späten Haferentwicklungsstadium im Bereich der Kornfüllung zu beobachten.

Erkennung:
Die Krankheit äußert sich durch lebhaft orangerote Uredosporenlager, die vor allem auf den Blattoberseiten und den Blattscheiden auftreten. In weiterer Folge bilden sich blattunterseits Teleutosporenlager in Form von schwarzbraunen Punkten, die vorerst von der Epidermis noch bedeckt und häufig ringförmig angeordnet sind.

Bedeutung:
Bei frühem Auftreten bereits vor dem Rispenschieben und bei feucht-warmem Witterungsverlauf können durch den Haferkronenrost beträchtliche Ertragsminderungen eintreten. Im Normalfall sind die Ertragsverluste nur gering. Spätsaaten und spät reifende Sorten sind stärker gefährdet.

Krankheitserreger

Haferkronenrost ist ein wirtswechselnder Pilz. Im Gegensatz zum Gelb- und Braunrost kann er nicht mit Uredosporen oder dem Myzel überwintern. Er überdauert in Form von Teleutosporen auf Pflanzenrückständen an der Bodenoberfläche. Die Teleutosporen keimen im Frühjahr aus, bilden Basidiosporen, die durch Windübertragung auf den Zwischenwirt Kreuzdorn *(Rhamnus cartharticus L.)* gelangen. Dort bilden sich an der Blattunterseite in orangefarbigen becherförmigen Sporenlagern (Äzidien) Äzidiosporen, die wiederum den Hafer infizieren können. Die Ausbreitung im Bestand erfolgt durch die in Sommersporenlagern gebildeten Uredosporen. Vor der Abreife des Hafers werden in Wintersporenlagern Teleutosporen gebildet und der Entwicklungszyklus ist geschlossen. Durch die relativ hohen Ansprüche an die Temperatur, ähnlich dem Schwarzrost, und bedingt durch den Wirtswechsel tritt der Kronenrost relativ spät in der Vegetationsperiode auf.

Gegenmaßnahmen

1. Sortenwahl: Anbau wenig anfälliger Sorten.
2. Ernterückstände sorgfältig einarbeiten. Mischende und wendende Bodenbearbeitung.
3. Bei Neuanpflanzung von Windschutzgürteln u. a. sollte auf die Anpflanzung von Kreuzdorn verzichtet werden.
4. Fungizideinsatz.

MUTTERKORN
Claviceps purpurea

Mutterkorn an Roggen

Schaden

Auftreten:

Die Krankheit ist in allen Getreideanbaugebieten verbreitet und kommt vornehmlich an Roggen, aber auch auf Triticale, Weizen, Dinkel, Gerste und seltener an Hafer vor. Auch zahlreiche Kultur- und Wildgräser werden befallen.

Erkennung:

In der Ähre bilden sich anstelle von Körnern schwarzviolette Sklerotien (Mutterkörner) aus. Die Größe der meist hornartig gebogenen Sklerotien variiert zwischen wenigen Millimetern und 4 cm bei Roggen. Als erstes Symptom bilden sich während der Blütezeit gelbliche, klebrige Tropfen (Honigtau) an den Blüten- ständen des Getreides, welche aber meist übersehen werden. Während der Reife fallen die Mutterkörner zu Boden oder gelangen bei der Ernte in das Erntegut.

Bedeutung:

Der Ertragsausfall durch Mutterkorn ist weniger bedeutsam als die Qualitäts- minderung des Erntegutes sowohl in der Saatgutproduktion als auch bei der Pro- duktion von Mahl- und Futtergetreide.

Die Sklerotien des Pilzes enthalten verschiedene Alkaloide, die bei Warmblütern Vergiftungen hervorrufen können. Dadurch wurde die Krankheit schon vor über 200 Jahren durch Bezeichnungen wie Kribbelkrankheit, Johannisfeuer und Ergotismus bekannt. Die Möglichkeit der mechanischen Trennung der Sklerotien aus dem Erntegut hat die Gefahren durch Mutterkorn-Sklerotien gesenkt.

Krankheitserreger

Sklerotien, die aus den Ähren bereits vor der Ernte oder beim Erntevorgang auf den Boden gefallen sind, keimen im Frühjahr aus. Es bilden sich weiße Stielchen, die in zahlreichen Perithezien die Sporenschläuche mit den Ascosporen enthalten. Bei hoher Luftfeuchtigkeit werden die Ascosporen ausgestoßen und gelangen durch Luftströmungen auf die unbefruchtete Narbe von Getreide- oder Gräser- blüten (Primärinfektion). Auf dem infizierten Fruchtknoten entstehen nach einigen Tagen zahlreiche einzellige Konidien, die in einem zuckerhältigen Assimilatesaft (Honigtau) aus der Blüte austreten und sekundäre Infektionen an weiteren Fruchtknoten verursachen können. Die Verbreitung wird unterstützt durch Regenspritzer, mechanischen Kontakt zwischen den Ähren oder durch Insekten, die den Honigtau aufnehmen. Vier bis sechs Wochen nach der Infektion entwickeln sich die typischen Sklerotien des Mutterkornpilzes. Die Infektion kann nur durch geöffnete Blüten erfolgen, dadurch ist der Fremdbefruchter Roggen eher gefährdet als geschlossen abblühende Getreidearten. Eine Übertragung der Sklerotien ist auch mit dem Saatgut möglich.

Gegenmaßnahmen

1. Verwendung von gesundem Saatgut (anerkanntes Saatgut).
2. Weitgestellte Fruchtfolge.
3. Sortenwahl: Hybridroggen ist generell anfälliger als Populationsroggen.
4. Wendende Bodenbearbeitung zur Beseitigung von Sklerotien an der Boden- oberfläche.
5. Mähen von Feldrändern vor der Gräserblüte.

GELBVERZWERGUNGSVIRUS DER GERSTE
barley yellow dwarf virus (BYDV)

Stark befallene Wintergerste

Schaden

Auftreten:
Die Krankheit tritt hauptsächlich in früh angebauter Wintergerste auf, kann aber auch alle anderen Getreidearten, Mais und zahlreiche Gräser befallen.

Erkennung:

Bei allen Getreidearten sind grundsätzlich Zwergwuchs sowie Anomalien des Habitus in Kombination mit verfärbten, teilweise deformierten Blättern sowie Taubährigkeit typische Symptome der Gelbverzwergung. Auf früh angebautem Wintergetreide sind die ersten Symptome teilweise bereits im Herbst zu sehen, der volle Umfang des Befalls wird aber erst im Frühjahr sichtbar.

Befallene Wintergerste zeigt einen stärker bestockten, gestauchten Wuchs und eine auffallende gelbe, streifige Blattfärbung. Schossen und Ährenbildung unterbleiben weitgehend.

Bei Weizen und Hafer treten eher rötliche Farbtöne auf, meist sind dabei die Fahnenblätter von befallenen Pflanzen rot bis violett gefärbt. Gelbverzwergungsbefall tritt in der Regel nesterweise auf, bei starkem Befall kann auch der ganze Bestand durchseucht sein.

Bedeutung:

Die Krankheit ist vor allem im pannonischen Anbaugebiet bei Wintergerste alljährlich zu beobachten. Bei lang andauernder milder Herbstwitterung können in allen Getreideanbaugebieten bei allen Getreidearten starke Ertragsverluste ausgelöst werden. Stark befallene Wintergerste muss im Frühjahr oftmals umgebrochen werden.

Krankheitserreger

Die Virusübertragung erfolgt durch verschiedene Blattlausarten. Hauptüberträger sind die Große Getreideblattlaus *(Sitobion [Macrosiphum] avenae)* und die Haferblattlaus *(Rhopalosiphum padi)*. Die Blattläuse nehmen durch Saugen an infizierten Pflanzen (Ausfallgetreide, ausdauernde Gräser, Mais u. a.) das Virus auf und können es persistent (zeitlebens) durch Saugen wiederum übertragen. Die typischen Befallsnester in Getreidebeständen werden durch das Einfliegen von einzelnen Blattläusen ausgelöst, deren Nachkommen die Krankheit im Bestand um die Primärinfektionsstelle kreisförmig ausbreiten. Je länger sich die Blattläuse vermehren können, umso größer werden die Befallsnester. Milde und trockene Herbstwitterung begünstigt die Blattlauseinwanderung und -vermehrung.

Gegenmaßnahmen

1. Anbauzeitpunkt: In gefährdeten Gebieten keine Frühsaaten von Wintergetreide; Sommergetreide hingegen möglichst früh anbauen.
2. Sortenwahl: Anbau von robusten, wenig empfindlichen Sorten.
3. Bekämpfung von Ausfallgetreide.
4. Pflege von Wegrändern und Windschutzgürteln.
5. Chemische Bekämpfung der Virusvektoren durch insektizide Beiz- oder Spritzmittel.

RAMULARIA-SPRENKELKRANKHEIT
Ramularia collo-cygni

Schadbild der Ramularia-Sprenkelkrankheit

Schaden

Auftreten:
Die Krankheit tritt vor allem in feuchten Anbauregionen kurz vor der Ernte auf, insbesondere an Wintergerste, vereinzelt aber auch an den anderen Getreidearten.

Erkennung:
Zumeist bilden sich erst ab dem Ährenschieben erste kleine dunkelbraune Flecken, die von Blattadern begrenzt und von einem chlorotischen Hof umgeben sind. In weiterer Folge erhalten die Blätter und Blattspreiten ein gesprenkeltes Aussehen. Bei starkem Befall liegen die Flecken sehr dicht beieinander und können auch ineinanderübergehen, Blattscheiden und Grannen können dann auch die typische Sprenkelung zeigen.
Ähnliche Symptome, die primär allerdings nicht auf pilzliche Schaderreger zurückzuführen sind, werden v. a. in der Gerste gefunden. Hierbei handelt es sich um sogenannte physiologische Blattflecken. Zunächst zeigen sich v. a. auf den Blattspreiten der oberen Blattetage punktförmige Aufhellungen, die innerhalb weniger Tage in rotbraune Sprenkel übergehen. In weiterer Folge kann ein Großteil der Blattfläche zerstört werden.
Die Ramularia-Sprenkelkrankheit und physiologische Blattflecken können oft gleichzeitig auftreten.

Bedeutung:
Die Ramularia-Sprenkelkrankheit ist vor allem in feuchten Anbauregionen, wie beispielsweise im oberösterreichischen Alpenvorland, zu beobachten. In den typischen Getreideanbaugebieten tritt die Sprenkelkrankheit meist gleichzeitig mit physiologischen Blattflecken auf.

Krankheitserreger

Der Pilz *Ramularia collo-cygni* überdauert auf Ausfallgetreide und früh angebauter Wintergerste sowie auf zahlreichen anderen Nebenwirten, wie etwa Mais oder Wildgräsern. Durch Sporenzuflug im Frühjahr werden die Bestände infiziert. Bei lang anhaltendem Tau oder feuchter Witterung mit nachfolgender starker Sonneneinstrahlung kann der Bestand sehr schnell befallen werden. Im Vergleich zu anderen wichtigen Gerstenkrankheiten tritt *Ramularia* sehr spät im Vegetationsverlauf auf.

Gegenmaßnahmen

1. Sortenwahl: Anbau von robusten, wenig empfindlichen Sorten.
2. Einsatz von Pflanzenschutzmitteln möglichst dicht am Infektionszeitpunkt.

KEIMLINGS- UND AUFLAUFKRANKHEITEN DES MAISES

Fusarium spp., *Aspergillus* spp., *Alternaria* spp., *Epicoccum* spp.,
Rhizopus spp., *Phytium* spp.

Links eine gesunde Pflanze, rechts befallene Pflanzenteile

Schaden

Auftreten:
Auflaufkrankheiten treten verstärkt nach frühem Anbau und bei kühlen Witterungsbedingungen bzw. bei Verwendung von Saatgut mit schwacher Triebkraft zur Zeit der Keimung auf.

Erkennung:
Der Aufgang ist verzögert und lückenhaft, ein Teil der Pflanzen läuft nicht auf. Im Boden liegen verpilzte Körner und abnorme, meist gebräunte, schwach ausgetriebene, verpilzte Keimlinge. Teilweise weisen die verzögert aufgelaufenen Pflanzen Blattschäden auf und sterben nach dem Aufgang wieder ab.

Bedeutung:
Keimlings- und Auflaufkrankheiten können vor allem bei ungünstigen Witterungsbedingungen (extreme Maisbaulagen) während der Keimung und in Lagen und Jahren mit Auflaufverzögerungen Pflanzenausfälle und lückige Bestände verursachen.

Krankheitserreger

Die Erreger von Keimlingskrankheiten sind nicht auf den Mais spezialisiert, sondern haben einen breiten Wirtspflanzenkreis, der u. a. alle Getreidearten einschließt. Die zahlreichen Erreger von Keimlingskrankheiten werden hauptsächlich mit dem Saatgut übertragen. Zum Teil handelt es sich auch um weitverbreitete Bodenpilze (z. B. *Phytium* spp.), die unter feucht-kühlen Bedingungen geschwächte Keimlinge befallen.

Gegenmaßnahmen

1. Grundsätzlich wirken alle Maßnahmen, die eine rasche Keimung und schnelles Auflaufen der Maispflanzen begünstigen, Auflaufkrankheiten entgegen.
2. Verwendung von zertifiziertem, vorschriftsmäßig gelagertem und unbeschädigtem Saatgut.
3. Saatgutbeizung.
4. Sorgfältige Saatbettbereitung und Aussaat erst bei Bodentemperaturen über 10 °C.
5. Vermeidung von Stressbelastung der Keimlinge durch unsachgemäß eingesetzte Herbizide.

MAISBEULENBRAND
Ustilago maydis

Maisbeulenbrand am Stängel

Starker Kolbenbefall nach ausgesprochen trocken-heißer Sommerwitterung

Schaden

Auftreten:
Beulenbrand kann vom Jugendstadium bis zur Ernte die Maispflanzen befallen. Die Krankheit ist alljährlich in nahezu jedem Maisbestand anzutreffen und hat vor allem in Jahren mit trockenen Witterungsbedingungen während der Jugendentwicklung und bei trocken-heißem Spätsommerwetter größere Bedeutung.

Erkennung:
Die typischen beulenartigen Anschwellungen können sich an allen oberirdischen Pflanzenteilen, bevorzugt aber an Kolben und Stängel, bilden. Zunächst sind die gebildeten Beulen von einem silbrig glänzenden Häutchen bedeckt und enthalten eine schmierige schwarze Masse. Im weiteren Krankheitsverlauf trocknen die Brandbeulen aus, das Häutchen zerreißt und der pulvrige Sporeninhalt wird durch Wind und Regen verbreitet.

Bedeutung:

Beulenbrandbefall führt zu einer Minderung des Ertrages und der Futterqualität. Direkter Kolbenbefall sowie Stängelbefall oberhalb des Kolbenansatzes beeinträchtigen die Ertragsbildung am stärksten. Übermäßiger Befall bei Silomais führt zu einer Herabsetzung der Verdaulichkeit und der Futteraufnahme.

Berichte über negative gesundheitliche Auswirkungen bei der Verfütterung von beulenbrandhältiger Silage liegen aus Europa nicht vor. Aus Gründen der Vorbeugung wird aber empfohlen, Silage von stark brandigem Mais möglichst nicht an trächtige Tiere zu verfüttern.

Krankheitserreger

Der Pilz *Ustilago maydis* überdauert in Form von Sporen oder Beulenbrandbruchstücken an der Bodenoberfläche bzw. in den oberen Bodenschichten. Die Sporen des Beulenbrandes sind im Boden mehrere Jahre keimfähig – teilweise wurde eine Lebensdauer von bis zu zehn Jahren nachgewiesen.

Im Frühjahr und Sommer keimen die Sporen aus und bilden Infektionssporen, die durch Wind und Regenspritzer auf die Maispflanzen gelangen. Brandbeulen werden nur in jungem, aktiv wachsendem Gewebe erzeugt. Durch mechanische Beschädigungen der Pflanzen, wie z. B. durch Hagelschlag oder durch Fritfliegenbefall, werden für den Erreger Eintrittspforten geschaffen und Infektionen auch auf älteren Pflanzen begünstigt.

Die Sporen des Maisbeulenbrandes haften auch am Saatgut – durch die übliche Saatgutbeizung gegen Auflaufkrankheiten hat dieser Umstand allerdings praktisch keine Bedeutung für das Krankheitsauftreten.

Gegenmaßnahmen

1. Sortenwahl: Insbesondere Vermeidung stark anfälliger Sorten.
2. Pflanzenverletzungen durch Pflegearbeiten (z. B. Hacken) vermeiden.
3. Fritfliegenbekämpfung durch Saatgutbeizung.
4. Weitgestellte Fruchtfolge und Beseitigung brandiger Pflanzenrückstände haben durch die Windübertragung der Brandsporen nur geringe Wirksamkeit.
5. Harmonische Düngung: Eine hohe Stickstoffdüngung wirkt befallsfördernd.
6. Saatgutbeizung bewirkt eine Abtötung der Sporen am Maiskorn, bietet aber keinen Schutz vor späterem Befall.

KOPFBRAND
Sphacelotheca reiliana

Kopfbrand an der Rispe

Kopfbrand am Kolben

Schaden

Auftreten:
Der Kopfbrand tritt neben Mais auch auf Sorghum, Sudangras und Rispen-hirsearten auf. In Österreich kann man die Krankheit hauptsächlich in der Steiermark und im südlichen Burgenland beobachten.

Erkennung:
Kopfbrandbefall führt zu einer Beulenbildung auf der Rispe oder am Kolben, seltener auf den Blättern. Auf der Rispe sind die Brandgallen zunächst von einer dünnen, weißlichen Haut überzogen, die später aufreißt und die Brandsporen freigibt. Kolbenbefall ist meist erst erkennbar, wenn die Lieschblätter vom birnenförmigen Kolben entfernt werden. Die Kolben sind verdickt und weicher. Anstelle der Kornanlage wird eine brandige Masse gebildet. Im Gegensatz zum Maisbeulenbrand sind innerhalb der Sporenmasse noch die faserartigen Reste der Gefäßbündelstränge erkennbar. Befallene Pflanzen bleiben meist kürzer und sind stärker bestockt.

Bedeutung:
Kopfbrandbefall kann zu Ertragsausfällen, zu Minderqualitäten bei Silage und zu Problemen in der Saatgutproduktion führen.

Krankheitserreger

Die vom Erreger *Sphacelotheca reiliana* gebildeten Sporen werden mit dem Saatgut übertragen bzw. überdauern im Boden. Die Übertragung der Sporen mit dem Saatgut spielt nur eine untergeordnete Rolle. Ein unmittelbar stärkeres Auftreten der Krankheit ist immer auf Bodenkontamination von einem kranken Vorfruchtmais zurückzuführen. Auch Sporenverwehung aus einem befallenen Nachbarfeld kann eine Bodenkontamination und ein Krankheitsauftreten zur Folge haben. Die Sporen können mehrere Jahre im Boden keimfähig bleiben, ein Großteil stirbt allerdings schon nach einem Jahr ab.
Zur Keimung der Sporen sind höhere Bodentemperaturen und eine geringe Bodenfeuchtigkeit Voraussetzung. Die Pflanzen können nur vom Keimlingsstadium bis zum frühen Jugendstadium infiziert werden. In den Leitungsbahnen und im Vegetationskegel wächst der Pilz zunächst ohne sichtbare Symptomausprägung und löst dann in den generativen Organen die Bildung der Brandsporenmassen aus.

Gegenmaßnahmen

1. Wendende Bodenbearbeitung zur Beseitigung der befallenen Maisstrohrückstände.
2. Fruchtfolge: Kein Maisanbau, wenn im Vorjahr auf der gleichen Fläche stärkerer Befall mit Kopfbrand vorhanden war. Bei Fütterung verseuchter Silage sollen Stallmist und Gülle nicht wiederum vor Mais ausgebracht werden.
3. Sortenwahl: Vermeiden von stark anfälligen Sorten. In Österreich liegen diesbezüglich keine ausreichenden Ergebnisse für eine Sorteneinstufung vor.
4. Die Saatgutbeizung gegen Auflaufkrankheiten verhindert die Übertragung über das Saatgut. Eine Spezialsaatgutbeizung mit einem systemisch wirksamen Beizmittel wirkt zusätzlich gegen eine Infektion vom Boden aus.

TURCICUM-BLATTFLECKENKRANKHEIT
Setosphaeria turcica

Turcicum-Blattflecken

Turcicum-Blattflecken und
geringer Befall mit Maisrost

Schaden

Auftreten:
In Österreich tritt die Turcicum-Blattfleckenkrankheit regelmäßig im Süden und
Südosten auf. Bei feucht-warmer Witterung ist auch im Alpenvorland von
Nieder- und Oberösterreich starker Befall möglich. Im pannonischen Trocken-
gebiet ist die Krankheit von untergeordneter Bedeutung.

Erkennung:

Symptome der Turcicum-Blattfleckenkrankheit sind lange, schmale, zuerst wässrig ausgebleichte und schließlich braune Blattflecken. Zuerst findet man nur einige verstreute Flecken auf den unteren Blättern, im Verlauf der Krankheitsentwicklung werden später auch die oberen Blattetagen befallen. Bei starkem Krankheitsdruck kann sich der Pilz auf die gesamte Blattspreite ausbreiten und eine vorzeitige Notreife auslösen. Stark befallene Maisbestände haben eine schmutzig graue Farbe und sehen aus, als ob sie vom Frost geschädigt wurden.

Bedeutung:

Durch die Zerstörung von Assimilationsflächen werden Stärkeeinlagerung und Kornausbildung gestört. Maßgeblich für die Höhe der Ertragsverluste ist der Zeitpunkt der Infektion. Erfolgt diese schon zur Zeit der Blüte und kann der Erreger sich schnell ausbreiten, so können die Kornerträge um bis zu 30 % vermindert sein. Bei geringem Auftreten oder bei spät erfolgter Infektion sind die Ertragsverluste durch Turcicum-Blattflecken in der Regel nur gering. Die Qualität der Maiskörner ist auch bei stark befallenen Beständen nicht beeinträchtigt.

Krankheitserreger

Der Erreger überdauert mit Myzel und Konidien auf infizierten Pflanzenrückständen an der Bodenoberfläche. Von diesem Material gehen erste Infektionen aus. Die weitere Übertragung erfolgt durch windübertragene Sporen, die in den ersten Befallsstellen gebildet werden.

Optimale Bedingungen für die Sporenbildung und Sporenkeimung (Infektion) findet der Erreger bei hohen Temperaturen (18 bis 27 °C) und hoher Luftfeuchtigkeit (Tau). Bei entsprechender Witterung kann es zu einer explosionsartigen Vermehrung kommen – die Durchseuchung großer Bestände kann in kurzer Zeit vor sich gehen.

Gegenmaßnahmen

1. Stroheinarbeitung: Durch das saubere und vollständige Einarbeiten von Maisstroh und -stoppel wird das Infektionspotenzial stark reduziert und die Erstinfektion eingedämmt oder verzögert.
2. Sortenwahl: Anbau wenig anfälliger Sorten.
3. Fungizideinsatz.

KOLBENFÄULE (Kolbenfusariose)
Fusarium spp., *Gibberella* spp.

Schadbild der Kolbenfusariose auf Mais

Schaden

Auftreten:
Unter feuchten Witterungsverhältnissen, speziell von der Milchreife bis zur Ernte, kann die Kolbenfäule in allen Maisanbaugebieten auftreten.

Erkennung:
Die Maiskolben sind teilweise oder vollständig mit einem oft rosa bis rötlichen, manchmal weißlichen Myzel bedeckt. Auch die Kolbenspindel und der Kolbenstiel können betroffen sein. Bei schwachem Befall sind nur einige Körner verpilzt; bei starkem Befall können auch die Lieschblätter rötlich verfärbt und durch das Myzel verklebt sein. Früher Befall beginnt meist an der Kolbenspitze, bei späterem Befall ist meist die Kolbenbasis betroffen.

Bedeutung:

Kolbenfäulen können Ertragseinbußen und beträchtliche Qualitätseinbußen auslösen. Die Ertragsverluste können vor allem bei anhaltend feuchter Herbstwitterung bedeutend sein. Starker Befall führt weiters zu einer Verminderung der Keimfähigkeit und zu einer starken Verringerung der Futterqualität. Fusarienpilze produzieren toxische Stoffwechselprodukte (Mykotoxine, z. B. Deoxynivalenol und Zearalenon), die bei der Verfütterung Vergiftungserscheinungen und Fruchtbarkeitsstörungen auslösen können.

Krankheitserreger

Die Kolbenfäule wird unter österreichischen Verhältnissen hauptsächlich von den Pilzen *Fusarium culmorum, Gibberella zeae (*syn. *Fusarium graminearum), F. moniliforme* und *F. poae* verursacht. Auch *Penicillium* sp. und *Nigrospora* sp. kommen als Auslöser von Kolbenfäule infrage. Die Mehrzahl der angeführten Erreger sind in der Natur weitverbreitete Saprophyten und auch am Schadkomplex Stängelfäule beteiligt. Die Überdauerung erfolgt im Boden vor allem auf befallenen Ernterückständen; die Übertragung ist auch mit dem Saatgut möglich. Die Infektion erfolgt schon zur Zeit der Blüte, indem Pilzsporen durch Wind und Regenspritzer über die Narbenfäden die Kolben infizieren. Mechanische Beschädigungen des Kolbens, wie z. B. Vogelfraß und Maiszünslerbefall, sowie zu kurze Lieschblätter begünstigen den Kolbenfäulebefall. Verstärkt tritt Kolbenfäule auch bei frostgeschädigten Pflanzen oder bei Pflanzen, die durch Stängelbruch umgebrochen sind, auf.

Gegenmaßnahmen

1. Sortenwahl: Die wichtigste Maßnahme zur Vermeidung von Kolbenfäule ist die Sortenwahl in Bezug auf die Anfälligkeit und die Eignung für das jeweilige Anbaugebiet. Die volle Ausreifung der Pflanzen muss vor dem ersten Frost möglich sein. In diesem Zusammenhang sollte auch die Stängelfäuleanfälligkeit mitberücksichtigt werden.
2. Um eine weitere Ausbreitung der Fäulnis am Lager zu vermeiden, sollte die Ernte nach der Abreife möglichst unverzüglich erfolgen und das Erntegut rasch getrocknet werden.
3. Durch eine Einarbeitung der Ernterückstände mittels wendender Bodenbearbeitung und eine weitgestellte Maisfruchtfolge kann das Infektionsrisiko verringert werden.

STÄNGELFÄULE (Stängelbruchkrankheit)
Fusarium spp., *Gibberella* spp.

Starke Lagerung durch Stängelfäule

Zerstörtes Gewebe an der Bruch-
stelle

Links eine gesunde Pflanze – Mitte und rechts zerstörtes Gewebe

Schaden

Auftreten:
Der Krankheitskomplex der Stängelfäulen tritt meist erst nach der Blüte in unterschiedlicher Intensität auf. Der schlagartige Wechsel von trockener Sommerwitterung zu niederschlagsreicher Herbstwitterung kann das Krankheitsauftreten stark fördern.

Erkennung:
Die ersten Symptome sind fleckige, dunkle Gewebeverbräunungen im unteren Bereich des Stängels. Im weiteren Krankheitsverlauf wird das Markgewebe zunächst weich und lässt sich leicht eindrücken. Das Mark im Stängel wird durch den Pilz weitgehend zerstört; die Gefäßbündel liegen dann lose im Stängel und nur mehr die Rinde behält ihre Festigkeit. Je nach Befallsstärke führt Stängelfäule zu einer vorzeitigen Notreife mit direkten Ertragsminderungen bis zu 30 % bei befallenen Pflanzen. Die Verminderung der Standfestigkeit kann durch äußere Einflüsse (Wind, Regen) zum Stängelbruch führen.

Bedeutung:
Stängelbruch ist eine wichtige Maiskrankheit und führt neben den direkten Ertragseinbußen oft zu Schwierigkeiten bei der Ernte. Durch die am Boden liegenden Kolben wird in weiterer Folge der Befall mit Kolbenfusariosen gefördert und damit die Futterqualität weiter gemindert. Silomais ist durch die frühere Ernte weniger gefährdet als Körnermais.

Krankheitserreger

Der Krankheitskomplex der Stängelfäulen wird unter österreichischen Bedingungen hauptsächlich von den Fusarium-Arten *Fusarium culmorum*, *F. moniliforme* und *Gibberella zeae* (syn. *F. graminearum*) ausgelöst.
Die angeführten Fusarium-Arten kommen auch auf den Hauptgetreidearten vor und überdauern auf befallenen Ernterückständen und im Boden. Die Infektion erfolgt über die Pflanzenwurzeln. Die Erreger können sich aufgrund physiologischer Veränderungen in der Pflanze erst nach der Blüte im Stängel stark ausbreiten.

Gegenmaßnahmen

1. Fruchtfolge: Durch einen hohen Maisanteil in der Fruchtfolge besteht die Gefahr, dass Stängelfäuleerreger auf befallenen Pflanzenrückständen überdauern.
2. Sortenwahl: Durch gute Erfolge in der Resistenzzüchtung stehen in allen Reifeklassen resistente bzw. wenig anfällige Sorten zur Verfügung.
3. Ausgeglichene Düngung: Eine überhöhte Stickstoffdüngung fördert das Stängelfäuleauftreten; eine ausreichende Kaliversorgung wirkt befallsmindernd.
4. Bodenbearbeitung: Vollständiges Einarbeiten der Ernterückstände.

MAISROST
Puccinia sorghi

Starker Maisrostbefall

Schaden

Auftreten:
Maisrost tritt in Österreich alljährlich in geringem Ausmaß auf. Unter besonders feucht-warmen Witterungsbedingungen ist im Süden und Südosten auch stärkerer Befall möglich.

Erkennung:
Im Spätsommer entwickeln sich auf der Ober- und Unterseite der Blätter zunächst silbrig glänzende, ovale bis längliche 1–3 mm große Sporenlager. Nach dem Aufbrechen der Epidermis treten daraus braune Sporen (Sommersporen) hervor. Bei starkem Befall kann die ganze Blattspreite befallen werden und die Blätter sehen aus, als ob sie verbrannt wären. Im Herbst zeigen sich dann zwischen den braunen Sporenlagern die schwarzen länglichen Wintersporenlager des Pilzes.

Bedeutung:
Durch das relativ späte Auftreten des Maisrostes im Bestand entstehen im Normalfall wirtschaftlich kaum messbare Schäden. In Ausnahmenfällen kann jedoch in Befallsjahren bei anfälligen Sorten der Ertrag um bis zu 20 % gemindert sein.

Krankheitserreger

Der Rostpilz ist wirtswechselnd, d. h. er überdauert auf befallenem Maisstroh und infiziert von dort aus den Zwischenwirt Sauerklee. Auf dem Zwischenwirt beendet der Pilz den Zyklus der geschlechtlichen Vermehrung. Die gebildeten Sporen werden durch den Wind über große Entfernungen übertragen und können bereits im Juli wieder den Mais infizieren. Durch das geringe Sporenangebot des Zwischenwirtes Sauerklee dauert es relativ lange, bis am Mais eine höhere Infektionsdichte erreicht wird. Dadurch ist auch das relativ späte Auftreten in der Vegetationsperiode begründet.
Bei warmer Spätsommerwitterung mit ausreichender Blattbenetzung durch Tau (mind. sechs Stunden) ist mit stärkerem Rostbefall zu rechnen.

Gegenmaßnahmen

1. Eine wendende Bodenbearbeitung zur Beseitigung der Maiserntrückstände verringert das Infektionsrisiko.
2. Sortenwahl: Vermeidung von stark anfälligen Sorten. In Österreich liegen diesbezüglich keine ausreichenden Ergebnisse für eine Sorteneinstufung vor.
3. Eine chemische Bekämpfung ist technisch nur schwierig durchzuführen und unter österreichischen Verhältnissen kaum notwendig.

NARRENKOPFKRANKHEIT (Hexenbesenkrankheit)
Sclerophthora macrospora

Von der Narrenkopfkrankheit befallene Maispflanze

Schaden

Auftreten:
Von der Narrenkopfkrankheit werden neben Mais auch Getreide und Gräser befallen. Diese Krankheit tritt bei besonders feuchten Bedingungen (Staunässe, Überschwemmung) während des Jugendstadiums auf.

Erkennung:
Bei erkrankten Pflanzen werden anstelle der generativen Organe (Kolben und Rispe) zahlreiche kleine grüne Blätter, mehrere Kolbenansätze und meist auch eine erhöhte Anzahl von Knoten oberhalb des Kolbenansatzes gebildet. Dabei nimmt die Fahne die Form eines Besens an. Die gebildeten Wucherungen können sehr schwer werden und die Standfestigkeit gefährden.

Bedeutung:
An der Narrenkopfkrankheit erkrankte Pflanzen bilden kaum oder keine Körner aus. Bei einer großflächigen Überschwemmung von Maisflächen im Jugendstadium kann bei entsprechend günstigen Witterungsbedingungen auch ganzflächiger Befall mit starken Ertragseinbußen auftreten. Meist ist der Befall jedoch nur auf Teilflächen (z. B. Mulden) beschränkt.

Krankheitserreger

Der Pilz überdauert durch sogenannte Oosporen im Blattgewebe. Aus diesen Oosporen keimen im Frühjahr aktiv bewegliche Zoosporen, die allerdings nur bei sehr hoher Feuchtigkeit bzw. Bodennässe (z. B. Überschwemmung, Staunässe) die Maispflanzen im Jugendstadium infizieren können. Bei erfolgreicher Infektion wächst der Pilz bis in den Vegetationskegel und löst in weiterer Folge die besenartigen Wucherungen aus.

Gegenmaßnahmen

1. Dränage des Bodens.
2. Beseitigung der Ernterückstände durch wendende Bodenbearbeitung.

Schädlinge

VÖGEL ALS SCHADENSURSACHE

Fressende Fasane auf einem Getreidefeld

Reihenfraß des Fasans im Mais

Schaden

Auftreten:
Unmittelbar nach der Aussaat bis nach dem Auflaufen der Saaten.

Erkennung:
Lückiger Aufgang, ausgegrabene, ausgerissene bzw. abgezwickte Keimpflanzen (nicht mit Nagetierschäden verwechseln!). Fasanschäden treten insbesondere in der Nähe von Windschutzgürteln auf.

Bedeutung:
Ertragsverluste infolge starker Reduzierung der angestrebten Pflanzenzahl pro Hektar. Besonders starke Verluste bei Mais, insbesondere in Jahren mit kühler und feuchter Witterung mit daraus resultierender langsamer Entwicklung der Keimpflanzen.

Schadensursache

Verschiedene Vogelarten (Jagdfasan *[Phasianus colchicus]* und in Stadtnähe insbesondere Haustaube *[Columba livia]* und Saatkrähe *[Corvus frugilegus]*) stellen den Getreide- und Maissaaten nach. Sie hacken die Saatkörner frei oder ziehen die jungen Keimpflanzen aus. An Getreidesaaten wird der Schaden oft nicht unmittelbar erkannt; bei Mais können jedoch bis zum 4-Blatt-Stadium schwere Schäden entstehen, sodass oftmals Nachbau erforderlich wird.

Bekämpfung (Abschreckung)

Bei Behandlung des Saatgutes mit Repellentpräparaten (siehe Amtliches Pflanzenschutzmittelverzeichnis) ist die Gebrauchsanweisung des jeweils gewählten Präparates genau zu beachten, um Auflaufschäden zu vermeiden. Beim Frühjahrsanbau sollte ein möglichst später Anbautermin gewählt werden bzw. sollten sonstige Pflanzenbaumaßnahmen getroffen werden, damit ein rascher und zügiger Aufgang des Saatgutes erreicht wird. Auf stark gefährdeten Anbauflächen unbedingt bereits beim „Erstanbau" Saatgut mit einem Repellentpräparat behandeln! Das Aufstellen von Vogelscheuchen bzw. Schussapparaten bringt wegen des Gewöhnungseffektes meist nur geringen Erfolg.

BRACHFLIEGE
Delia coarctata

Geschädigte Weizentriebe

Larve aus dem Bestockungsknoten einer Weizen-
pflanze

Schaden

Auftreten:
Vor allem an Winterweizen und Roggen, seltener an Winter- und Sommergerste
sowie Sommerweizen. Hafer wird nicht befallen.

Erkennung:
Die Herzblätter vergilben und sterben ab, sodass sie sich leicht aus den Blattscheiden ziehen lassen. Die Larven leben im weißen, durchsichtigen Gewebe des
Bestockungsknotens, der infolge des Fraßes eine schmutzig braune Färbung
annimmt. Pro Trieb findet sich nur eine Larve, die aber auch abwandern und
andere Triebe bzw. Pflanzen befallen kann.

Bedeutung:
Da je Made zwei bis fünf Triebe zerstört werden können, breitet sich ein starker Befall im Bestand rasch aus, es kann sogar ein Umbruch erforderlich sein. Massenauftreten kommt fallweise örtlich begrenzt vor, kann aber dann zu einem Totalverlust führen.

Schädling

Die 5–7 mm großen, gelblich braunen, schwarz behaarten Fliegen erscheinen Mitte Juni/Anfang Juli. Sie haben eine verhältnismäßig lange Lebensdauer und Eiablageperiode, die etwa einen Monat nach dem Schlupf beginnt. Die Eier werden bevorzugt in lockere Böden abgelegt; die Dichte des Kulturbestandes spielt dabei eine untergeordnete Rolle. Die Eier überwintern im Boden, Mitte März/Anfang April schlüpfen die Eilarven, die daraufhin zu den jungen Pflanzen wandern und sich in sie einbohren, wobei sie einen spiralig gewundenen Bohrgang in den Bestockungsknoten anlegen. Die ausgewachsenen weiß- bis elfenbeinfarbenen Larven sind 5–7 mm groß und besitzen ein schräg abgestutztes Hinterende mit charakteristischen Zapfenbildungen. Sie verpuppen sich ab Mitte Mai; die Fliegen erscheinen drei bis vier Wochen später. Die Brachfliege hat eine Generation im Jahr.

Bekämpfung

Bei Beurteilung des Schadausmaßes ist dem hohen Ausgleichsvermögen der Getreidepflanzen Rechnung zu tragen. Besonders gefährdet sind Spätsaaten, Sorten mit spätem Bestockungszeitpunkt und/oder schwachem Bestockungsvermögen, aber auch Bestände, die einen Auswinterungsschaden erlitten haben. Im Allgemeinen wirken alle Maßnahmen (Düngung, Striegeln usw.), die eine Stärkung der Pflanzen und eine rasche Bestockung fördern, einer Schädigung durch Brachfliegenbefall entgegen. Eine chemische Bekämpfung ist nur über eine Saatgutbehandlung (siehe Amtliches Pflanzenschutzmittelverzeichnis) möglich.

ENGERLINGE

Melolontha melolontha, M. hippocastani u. a.

natürliche Größe

Schadbild eines Befalls mit Engerlingen

Schaden

Auftreten:
Engerlingsschäden treten bei Getreide hauptsächlich im Jugendalter, bei Mais und Sorghum auch noch später in Erscheinung.

Erkennung:
Im Bestand verstreut oder reihenweise welken einzelne Pflanzen plötzlich und sterben ab. Der Schaden nimmt rasch an Umfang zu.

Bedeutung:
Auf Getreideschlägen führt im Durchschnitt ein Besatz von mehr als zehn bis zwölf Engerlingen pro Quadratmeter schon zu schweren Schäden. Für Körner- und Süßmais liegen diese Werte erheblich niedriger.

Schädling

Der Maikäfer tritt alle drei Jahre, in klimatisch weniger günstigen Gebieten alle vier Jahre massiert auf und legt seine Eier auf mäßig dicht bewachsenen Flächen in die Erde ab. Das Jahr (in Gebieten mit vierjähriger Entwicklung das zweite Jahr) nach dem Flugjahr ist das Hauptfraßjahr der Engerlinge. Im darauffolgenden Jahr dauert zwar die Fraßtätigkeit noch bis Ende Juli fort, dann erfolgt jedoch die Verpuppung, und nach wenigen Wochen sind schon die fertigen Käfer zu finden, welche den Boden erst nach der Überwinterung – im neuen Hauptflugjahr – verlassen. Die Engerlinge ernähren sich bei Getreide, Mais und Sorghum vom Wurzelwerk und der Stängelbasis.

Bekämpfung

Intensive Bodenbearbeitung vermindert den Engerlingsbefall beträchtlich. Eine chemische Bekämpfung ist auf Getreideflächen nur dann wirtschaftlich, wenn sie zugleich auch im Hinblick auf den späteren Anbau engerlingsempfindlicher Kulturen (z. B. Kartoffel) erfolgt und auf das Maikäferjahr abgestimmt ist. Bei Körnermais ist die Rentabilität der chemischen Bekämpfung schon bei geringerer Befallsstärke gegeben. Spritzmittel sollen mit 300 bis 500 l Wasser/ha ausgebracht und gleichmäßig, entsprechend tief und sofort nach dem Ausbringen eingearbeitet werden. Granulate werden in der vorgeschriebenen Weise mit dem Saatgut in die Saatfurche ausgebracht, Saatschutzmittel haften direkt dem Korn an und schützen somit die empfindlichen Jugendstadien. Vor allem in Wiesen, aber auch in anderen Kulturen sowie im biologischen Landbau wird der Pilz *Beauveria brongiartii* als natürlicher Gegenspieler eingesetzt.

DRAHTWÜRMER
Agriotes lineatus, A. obscurus u. a.

natürliche Größe: bis 3 cm

Schadbild eines Befalls mit Drahtwürmern

Schaden

Auftreten:
An jungen Getreide-, Mais- und Sorghumkulturen, besonders im Frühjahr, an Winterungen mitunter auch schon im Herbst.

Erkennung:

Einzelne Außenblätter, später auch das Herzblatt der jungen Pflanzen vergilben, die Pflanzen wachsen nicht mehr weiter und sterben ab. Der Schaden nimmt in Richtung der Reihen rasch weiter zu.

Bedeutung:

Lückige Bestände und entsprechende Mindererträge sind die Folgen. Sommerungen und Mais werden oft so stark geschädigt, dass die Kulturen umgebrochen werden müssen.

Schädling

Drahtwürmer sind die mehlwurmartigen Larven der Saatschnellkäfer *(Agriotes lineatus* und *A. obscurus)* und anderer verwandter Arten. Die Käfer legen in den Monaten Mai bis Juli ihre Eier in den Boden ab. Mittlere, nicht zu trockene Böden werden bevorzugt. Die kleinen Larven ernähren sich zunächst von Humusteilchen und feinen Haarwurzeln, später von allen unterirdischen Pflanzenteilen. Die gesamte Entwicklung dauert drei bis fünf Jahre. Bei Getreidepflanzen bohren sich die Drahtwürmer an der Basis von außen bis an das Herzblatt vor und zerstören den Vegetationskegel. Mais wird häufig schon nach der Aussaat befallen, die Saatkörner werden ausgehöhlt. An größeren Maispflanzen kann man häufig bis zu ein Dutzend und mehr Larven in den Stängelgrund einzelner Pflanzen eingebohrt finden. Solche Pflanzen kümmern lange Zeit und sterben schließlich ab. Besonders stark ist die Schadwirkung bei anhaltend trockener Frühjahrswitterung, wenn die Pflanzen ohnedies bereits geschwächt sind, die Drahtwürmer aber erhöhten Feuchtigkeitsbedarf haben. Die ausgewachsenen Larven verpuppen sich im Juli/August im Boden, und die Käfer schlüpfen nach drei bis vier Wochen. Die Käfer überwintern im Boden oder in bodennahen Schichten der Vegetation.

Bekämpfung

In feuchten Lagen auf Klee- und Wiesenumbrüchen verstärkte Drahtwurmgefahr. Die Saatgutbehandlung mit einem gegen Drahtwürmer anerkannten Saatschutz- oder einem kombinierten Saatgutbeiz-Saatschutzmittel (siehe Amtliches Pflanzenschutzmittelverzeichnis) bietet guten vorbeugenden Schutz. Bei starkem Drahtwurmbefall reicht jedoch die Saatgutbehandlung allein nicht aus. Bodenbehandlungen, wie sie gegen Engerlinge empfohlen werden (s. Seite 113), gewährleisten gegen Drahtwürmer auch dann noch wirksamen Schutz, wenn der Befall erst nach dem Anbau entdeckt wird, sofern die Mittel sofort nach dem Spritzen zumindest mit der Egge seicht eingearbeitet werden können. Gegen Drahtwürmer anerkannte Mikrogranulate werden mit dem Saatgut in die Furche ausgebracht. Auf eine vollständige Bedeckung mit Erde ist unbedingt zu achten.

ERDRAUPEN
Agrotis segetum u. a.

natürliche Größe:
bis 5 cm

Durch Erdraupen geschädigte Pflanze

Schaden

Auftreten:
An Mais und Sorghum in Frühsommer und Sommer; an Winterungen im Herbst, seltener im Frühjahr (dann nicht durch *Agrotis segetum*).

Erkennung:
In jungen, noch kräftig wachsenden Mais- und Sorghumbeständen brechen einzelne Pflanzen an der Basis um und sterben ab. Oft ist der ganze Stängelgrund ausgehöhlt. Winterungen werden im Herbst bei milder Witterung meist vom Feldrand her plötzlich lückig, die aufgelaufenen Pflanzen verschwinden reihenweise fast zur Gänze wieder. In der Erde findet man die grauen Raupen der Wintersaateule in den Pflanzenreihen nur seicht eingegraben.

Bedeutung:
Erdraupenvermehrungen treten meistens spontan auf und bleiben dann wieder über lange Zeit hin aus. In Erdraupenjahren können jedoch die Schäden gebietsweise ein solches Ausmaß annehmen, dass der Umbruch der befallenen Kulturen notwendig wird.

Schädling

Die Wintersaateule *(Agrotis segetum)* und verschiedene andere nahe verwandte Arten fliegen ab Mai und legen ihre Eier an bodennahe Unkräuter. Die jungen Raupen halten sich zunächst auch tagsüber an diesen Pflanzen auf und fressen vom Blattwerk, später gehen sie zu einem in der Erde verborgenen Leben über und schädigen vor allem nachts die Kulturpflanzen durch Fraß am Wurzelhals („zwischen Tag und Nacht"). Eine, bei günstigem Witterungsverlauf auch zwei Generationen jährlich. Die erwachsenen Raupen überwintern. Im Frühjahr erfolgt die Verpuppung ohne weiteren Fraß. Erdraupenschäden, die im Frühjahr auftreten, sind daher selten und rühren nicht von der Wintersaateule, sondern immer von anderen Arten her *(z. B. Eucoa tritici)*. Herbstschäden an Winterungen treten nach warmen, trockenen Sommern auf, wenn sich zumindest eine schwache zweite Generation entwickeln konnte.

Bekämpfung

Die ersten Nahrungspflanzen der jungen Erdraupen sind vor allem Unkräuter. Gründliche Unkrautbekämpfung und häufige Bodenbearbeitung sind daher sehr wirkungsvolle Vorbeugungsmaßnahmen. Das spontane Massenauftreten von Erdraupen wird meist erst so spät erkannt, dass chemische Bekämpfungsmittel kaum noch wirtschaftlich eingesetzt werden können. Grundsätzlich sind die Jungraupen, solange sie noch oberirdisch leben, durch Spritzungen mit zugelassenen Kontaktinsektiziden bekämpfbar.

MAULWURFSGRILLE
Gryllotalpa gryllotalpa

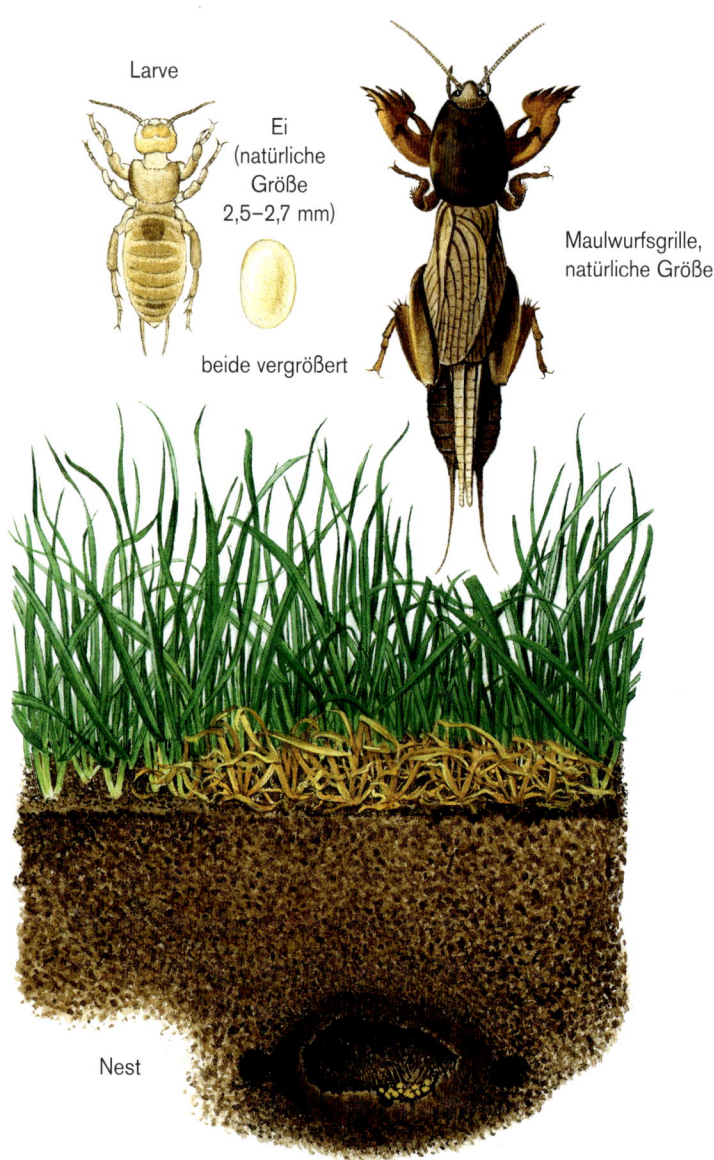

Larve

Ei
(natürliche
Größe
2,5–2,7 mm)

beide vergrößert

Maulwurfsgrille,
natürliche Größe

Nest

Schaden

Auftreten:
Im Frühjahr auf bindigen Schwemmlandböden, besonders in Sommergerste und
Sommerweizen.

Erkennung:
Nesterweise welken die Pflanzen und sterben ab. Der Boden ist locker und mit knapp unter der Oberfläche hinziehenden Gängen durchzogen. Tellergroße Kahlstellen, unter denen die Nester in 10–20 cm Tiefe angelegt wurden.

Bedeutung:
Schäden durch Auflockerung des Bodens und Abbeißen der Pflanzenwurzeln. Bei starkem Befall können beträchtliche Ertragsverluste entstehen. Meist nur lokal.

Schädling

Die Maulwurfsgrille oder Werre führt ein unterirdisches Leben und überwintert in größerer Tiefe (bis über 1 m) im Boden, in Misthaufen oder in Komposthaufen. Sie bevorzugt leichte, weder zu trockene noch zu feuchte humusreiche Böden, in denen sie ein Netz von etwa fingerdicken, oberflächlich oder auch etwas tiefer gelegenen Gängen gräbt, wobei die Erde über den Gängen oft etwas angehoben ist. Die Erwachsenen sind 4–5 cm lang, hellbraun und an der Oberseite leicht samtig behaart. Ihre Vorderbeine sind als kräftige Grabschaufeln ausgebildet – ähnlich wie beim Maulwurf –, und auch die Vorderbrust ist kräftig entwickelt. Sie besitzen zwei paar Flügel, von denen die hinteren zwischen den zwei langen Anhängen am Hinterende herausragen. Die Maulwurfsgrille kommt nur im Frühjahr nachts zur Paarung an die Oberfläche und legt im April und Mai ihre von einem Spiralgang umgebene Nesthöhle an, welche man inmitten der erwähnten Kahlstelle als feste, faustdicke Erdknolle ausheben kann. Den Inhalt des Nestes bilden zu dieser Zeit 200–300 hanfkorngroße, schmutzig gelbe Eier, später die weißen, ameisenartigen Larven, die noch etwa drei bis vier Wochen von der Mutter betreut werden. Die Geschlechtsreife erlangen sie erst nach zwei bis drei Jahren, wobei sie über einige Larvenstadien und unter allmählicher Gestaltsveränderung zum Erwachsenen werden. Die Nahrung der jungen Larven besteht zunächst aus Humus und feinen Wurzeln. Spätere Stadien und die Erwachsenen ernähren sich außer von Wurzeln auch von tierischer Kost (Regenwürmern, Insektenlarven, Schnecken usw.).

Bekämpfung

In den dauernden Befallsgebieten ist das rechtzeitige Ausheben und Zerschlagen der Nestknollen im Juni/Juli eine ausgezeichnete vorbeugende Maßnahme. Man kann außerdem die nachtaktiven Tiere mit bis zum oberen Rand in die Erde eingegrabenen Gläsern, Blumentöpfen oder ähnlichen glattwandigen Gefäßen abfangen, wobei man strahlenförmig Latten als Leitsystem um die Fallen legt. Das Ausstreuen von Giftködern zur Paarungszeit im April und Mai (später zwecklos) ist für die Großanwendung im Feldbau zu wenig wirtschaftlich, kann aber in Zuchtgärten oder auf sonstigen Spezialflächen wertvolle Hilfe leisten. Die Köder sollen abends ausgelegt werden, da die Maulwurfsgrille taufeuchte Körner lieber annimmt.

GETREIDELAUFKÄFER
Zabrus tenebrioides

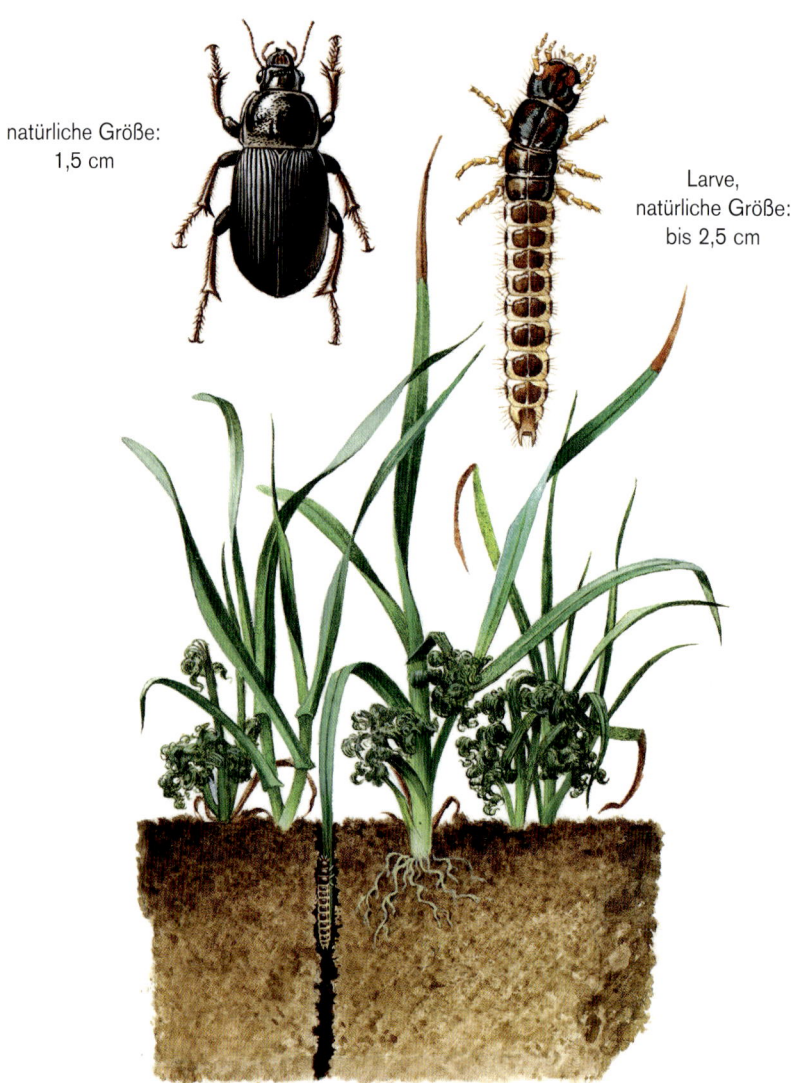

natürliche Größe:
1,5 cm

Larve,
natürliche Größe:
bis 2,5 cm

Schaden

Auftreten:
Im Frühjahr (seltener schon im Herbst) an Winterungen, besonders Winterweizen, sowie an Sommerungen.

Erkennung:

Die Blätter der jungen Getreidepflanzen sind eigenartig zerfranst und einge-
trocknet, die abgestorbenen Pflänzchen bieten schließlich den Anblick watte-
artiger Knäuel. Neben den geschädigten Pflanzen sieht man die Öffnungen der
Erdröhren und die von den Larven aufgeworfenen feinkrümeligen Erdhäufchen.

Bedeutung:

Besonders bei anhaltend milder und trockener Herbst- oder Frühjahrswitterung
kann der Schaden – meist von den Feldrändern her beginnend – sehr rasch
katastrophale Ausmaße annehmen und den Umbruch selbst großer Felder nötig
machen.

Schädling

Der Getreidelaufkäfer erscheint im Juni auf den Getreidefeldern, wird aber
selbst höchstens durch gelegentlichen Fraß an milchreifen Körnern etwas
schädlich. Die Hauptgefahr droht von seinen sehr charakteristisch gestalteten
und gefärbten Larven, welche ab August im Boden anzutreffen sind und mitunter schon im Herbst eine Entwicklungsstufe erreicht haben, bei der ihre
Fraßtätigkeit zu sichtbaren Schäden führt. Nach der Überwinterung – in
milden Wintern nehmen die Schäden auch in den kalten Monaten zu –
wachsen sie noch weiter heran und haben bis Mai ihre volle Größe erreicht. In
dieser Zeit ist ihr Nahrungsbedarf am größten. Nach einer kurzen Puppenruhe
ist schließlich die Entwicklung zum Käfer vollendet. Die Larven leben tagsüber
verborgen in senkrechten Erdröhren, in welche sie die Blätter der Reihe nach
hineinziehen, um sie zu zerkauen. Den austretenden Saft nehmen sie auf. Die
Blätter erhalten dadurch das beschriebene zerfranste Aussehen. Sind alle
erreichbaren Blätter verbraucht, wird in der Nachbarreihe eine neue Erdröhre
angelegt. Der Schaden greift so, vom Feldrand bzw. vom Befallsherd
beginnend, immer mehr um sich.

Bekämpfung

Ein zu hoher Halmfruchtanteil in der Fruchtfolge führt zu einer Häufung der
Getreidelaufkäferschäden. Im Übrigen treten Schadensjahre in ganz unregel-
mäßigen Zeitabständen auf und sind schwer vorauszusehen. Rechtzeitige
Beobachtung der ersten Schadenssymptome ist deshalb besonders wichtig.
Bekämpfungsmaßnahmen müssen unverzüglich eingeleitet werden. Die
Schadensschwelle beträgt 4 bis 5 Larven/m^2 im Herbst bei Wintergetreide sowie
im Frühjahr bei Sommergetreide, 8 bis 10 Larven/m^2 im Frühjahr bei Winter-
getreide. Sich schnell und stark bestockende Getreidearten sind bei geringem
Befall weniger gefährdet. Die Bekämpfung erfolgt mit gegen den Getreide-
laufkäfer zugelassenen Präparaten zum Zeitpunkt des Erstauftretens (siehe
Amtliches Pflanzenschutzmittelverzeichnis).

GELBE WEIZENHALMFLIEGE
Chlorops pumilionis

Fliege,
natürliche Größe:
4 mm

Larve,
natürliche Größe:
bis 7 mm

Schaden

Auftreten:
An Weizen und Gerste als Sommerschaden, seltener als Winterschaden.

Erkennung:
Sommerschaden: Besonders bei spät angebautem Sommerweizen und bei Sommergerste bleiben die Ähren teils in der Blattscheide stecken und kommen nicht zur Entwicklung oder sie zeigen teilweise Schädigungen sowie Verkürzungen und Verdickungen der oberen Halmpartien mit einer Fraßfurche, die von der Ähre bis zum obersten Halmknoten oder darunter führt. Winterschaden: Ähnlich dem Winterschaden durch die Fritfliege, doch findet man je Trieb nur eine Made. Im Frühjahr zeigen die Stängelbasen starke Verdickungen auf, in denen die Maden ihre Entwicklung abschließen. Solcherart geschädigte Pflanzen bilden keine Ähren aus.

Bedeutung:
Mäßige, in Ausnahmefällen örtlich schwere Ertragsverluste, Massenvermehrungen der Weizenhalmfliege kommen nur fallweise und lokal begrenzt vor.

Schädling

Die charakteristisch gefärbte Fliege erscheint im Mai und legt ihre Eier an die Blätter von Weizen, Gerste und anderen Getreidearten. Die weiße Made dringt in die Blattscheide bis zur Ähre vor, zerstört diese teilweise und gelangt schließlich, indem sie die erwähnte Fraßfurche anlegt, den Halm abwärts bis zum obersten Halmknoten, wo die Verpuppung zum rostroten Tönnchen erfolgt. Die Sommerfliegen erscheinen im August. Diese sind sehr langlebig und finden für die Eiablage häufig noch den Anschluss an die Winterungen. Der Winterschaden ist jedoch bei Weitem nicht so stark wie jener der Fritfliege. Ähnliche Schäden, die jedoch erst im Frühjahr akut werden, verursacht die Brachfliege *(Delia coarctata)*. Die Larven dieses Schädlings schlüpfen erst im Frühjahr aus den überwinterten Eiern, während die Weizenhalmfliege als Made überwintert.

Bekämpfung

Anbau der Sommerungen, besonders der Sommergerste, möglichst früh, der Winterungen möglichst erst nach dem Hauptflug der Sommerfliege, d. h. nicht vor Mitte September. Phosphordüngung stärkt die Widerstandskraft der Pflanzen gegen den Sommerschaden. Eine chemische Bekämpfung des Winterschadens ist zurzeit nur über eine Saatgutbehandlung (siehe Amtliches Pflanzenschutzmittelregister) zu empfehlen.

GETREIDEWICKLER
Cnephasia pumicana

natürliche Größe:
11–13 mm

Larve,
natürliche Größe:
10–15 mm

Schaden

Auftreten:
An allen Getreidearten; an Mais können sich ansiedelnde Raupen nicht weiter-
entwickeln.

Erkennung:

An jungen Getreidepflanzen findet man im Frühjahr parallel zu den Blattnerven verlaufende 5–10 mm lange, aber nur 1–2 mm breite Blattminen, in denen bei Durchlicht die kleinen Raupen und eine dunklere Kotablage sichtbar sind (Unterschied zum Streifenfraß des Getreidehähnchens!). Zu einem späteren Zeitpunkt sind die Blätter gefaltet; in der Falte lebt eine 5–8 mm lange, gelblich weiße bis gelblich grüne Raupe. Das Schadbild der älteren, größeren Raupen (10–15 mm Länge) ist mannigfaltig. Am auffälligsten sind angefressene Ähren, denen einzelne Körner durch die Fraßtätigkeit fehlen und die durch Kotkrümel verunreinigt sind. Oft sind solcherart geschädigte Ähren auch durch das Auftreten von Schwärzepilzen dunkel verfärbt. Der Schaden kann aber auch vor dem Ährenschieben durch Einbohren der Raupe in die geschlossene Fahnenblattscheide und darauf folgende Zerstörung der Ährenanlage, der Spindel oder sogar des Halmes erfolgen (häufig u. a. bei Gerste).

Bedeutung:

Starke Gradationen können zu empfindlichen Ertragseinbußen führen. Das Auftreten beschränkt sich zurzeit auf die östlichen Teile des Bundesgebietes, wo es jedoch des Öfteren zu einem starken Befall gekommen ist.

Schädling

Der Getreidewickler ist ein unscheinbarer gräulicher Schmetterling mit schwacher Bänderung und einer Spannweite von 15–20 mm. Der Falterflug findet von Mitte Juni bis Anfang August statt; die Eiablage erfolgt an in Feldnähe wachsenden Bäumen und Sträuchern. Nach zwei bis drei Wochen schlüpfen die knapp 1 mm großen Jungraupen aus den ovalen, zuerst weißlich gelb, dann rötlich gefärbten Eiern. Sie überwintern in Ritzen oder unter Borkenschuppen der Gehölzrinde. Ab etwa Mitte April verlassen die Raupen ihre Winterquartiere, kriechen die Stämme hinauf und lassen sich an selbst erzeugten seidenen Fäden vom Wind in die Getreidebestände treiben. Sobald sie ihre Raupenentwicklung abgeschlossen haben, verpuppen sie sich in den Körnern oder in der Blattscheide eines oberen Blattes der Getreidepflanzen. Die Puppenruhe dauert zwei bis drei Wochen. Der Getreidewickler bildet eine Generation im Jahr.

Bekämpfung

Die Bekämpfung kann im Frühjahr problemlos mit einem zu diesem Zweck zugelassenen Insektizid durchgeführt werden (siehe Amtliches Pflanzenschutzmittelverzeichnis). Sie erfolgt, sobald der Höhepunkt der Raupenverdriftung überschritten worden ist, und kann anhand der Anzahl der Blattminen an markierten Pflanzen leicht selbst bestimmt werden. Die Schadensschwelle beträgt zwei Blattminen auf drei Trieben. Zu späteren Zeitpunkten durchgeführte Bekämpfungsmaßnahmen erwiesen sich als zunehmend wirkungsloser.

GETREIDEBLATTWESPEN
Dolerus gonager und *D. haematodis*

Larve,
natürliche Größe:
bis 28 mm

natürliche Größe:
9–11 mm

Schaden

Auftreten:
In den Monaten Mai und Juni auf Winterungen, besonders auf Winterweizen, ausnahmsweise auch auf Mais; im Osten und Nordosten Österreichs fallweise und örtlich begrenzt.

Erkennung:
Raupenartige Larven fressen die Blätter von der Spitze bis fast zum Stängel ab.

Bedeutung:
Bei starkem Befall entstehen in kürzester Zeit Blattverluste, die zu Mindererträgen führen.

Schädling

Die schwarzen, mit vier glasartigen, grau angerauchten Flügeln ausgestatteten Blattwespen erscheinen ab Ende April und legen ihre Eier mit dem Legebohrer in das Parenchym der Getreideblätter. Die Larven wachsen innerhalb eines Monats bis zu ihrer vollen Größe von ca. 2 cm heran. Sie haben die Gestalt einer Raupe, besitzen aber drei Paar Brust- und acht Paar Bauchfüße und sind graugrün gefärbt mit einem hellen Längsstreifen auf dem Rücken. Ihre Gefräßigkeit nimmt kurz vor Erreichung der vollen Größe rapid zu. Ab Ende Juni bis Mitte Juli verlassen die erwachsenen Larven die Pflanzen und überwintern im Boden in einem eiförmigen braunen Kokon, in dem die Verpuppung erst im Frühjahr erfolgt. Eine Generation jährlich.

Bekämpfung

Da sich die Getreideblattwespen nur gelegentlich stark vermehren, wird das unvermutete Massenauftreten ihrer Larven an Winterweizen zumeist spät entdeckt, wenn schon weithin sichtbare Fraßschäden entstanden sind. Die Bekämpfung muss daher in solchen Fällen sofort durchgeführt werden, soll sie noch wirtschaftlich sein. In Betracht kommen Spritzungen mit gegen fressende Schädlinge im Getreidebau zugelassenen Insektiziden. Die Wirtschaftlichkeit der Bekämpfung ist jedoch nur gesichert, wenn pro Pflanze im Durchschnitt mehr als zwei Larven festzustellen sind und wenn der Befall früh genug entdeckt wird.

GETREIDEHÄHNCHEN
Oulema lichenis und *O. melanopus*

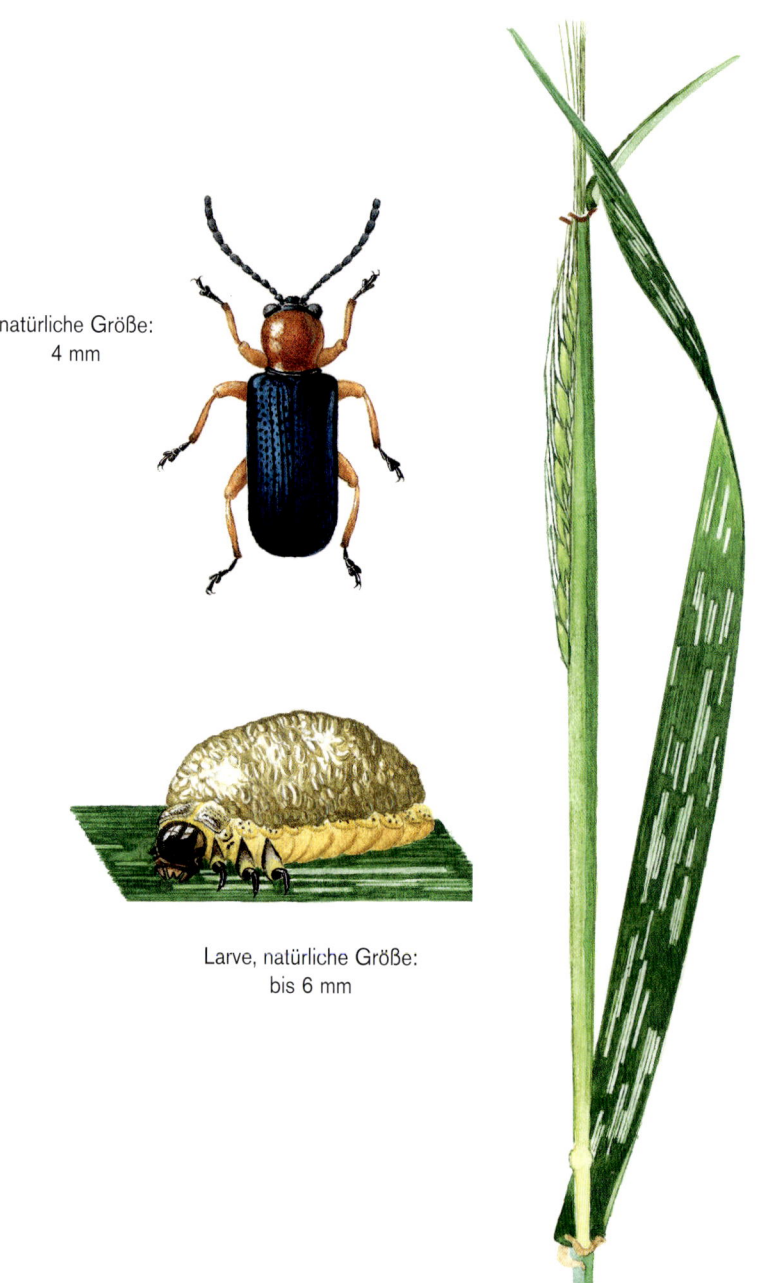

natürliche Größe:
4 mm

Larve, natürliche Größe:
bis 6 mm

Schaden

Auftreten:
Fallweise und örtlich begrenzt im Mai bis Juni an Sommerungen und Winterungen, besonders häufig auch an Hafer und Durum.

Erkennung:
Streifiger Fensterfraß an den Blättern, der sich oft über die ganze Spalte ausdehnt, dunkle Kotflecken und „schneckenartige" Larven.

Bedeutung:
Durch frühzeitigen Verlust eines Großteils der Assimilationsfläche (insbesondere am Fahnenblatt) Störungen der Nährstoffversorgung der Ähren und Notreife.

Schädling

Die beiden Käferarten treten meist gleichzeitig nebeneinander auf. *Oulema lichenis* ist zur Gänze stahlblau gefärbt, der etwas größere *Oulema melanopus* fällt dagegen durch sein orangerotes Halsschild auf. Die Lebensweise beider Arten ist sehr ähnlich. Die Eiablage erfolgt Ende April bis Anfang Mai an den Blättern der Getreidepflanzen, manchmal auch am Mais. Die Larven sind ständig von einer aus dem eigenen Kot bestehenden feuchten Schleimschicht bedeckt und erhalten dadurch ein nacktschneckenartiges Aussehen. Larven und Käfer fressen streifige Fenster in die Blattfläche. Verpuppung im Juni, bei *O. lichenis* in einem der Blattunterseite oder der Ähre anhaftenden, bei *O. melanopus* in einem in die Erde gebetteten weißen Schaumkokon. Die Jungkäfer erscheinen noch im Sommer, nehmen wohl etwas Nahrung zu sich, kommen aber erst nach der Überwinterung zur Eiablage.

Bekämpfung

Nur frühzeitig auftretender Massenbefall ist bekämpfungswürdig. Die Schadensschwelle liegt bei 0,5–1 Ei und Larve/Fahnenblatt in Weizen, 0,5–1 Ei und Larve/Halm in Gerste, bei 0,5–1,5 Eiern und Larven/Fahnenblatt in Roggen und Hafer. Die Bekämpfung erfolgt mit einem zu diesem Zweck zugelassenen Insektizid.

GETREIDEGALLMÜCKEN
Contarinia tritici und *Sitodiplosis mosellana*

Gelbe
Weizen-
gallmücke

Brustgräte

Larve

Puppe

Rote
Weizen-
gallmücke

natürliche Größe: 2 mm

Winter-
kokons

Rote
Weizen-
gallmücke

Schaden

Auftreten:
In Gallmückenjahren, die sich in nicht ganz regelmäßigen Zeitabständen, meist alle fünf bis sieben Jahre, wiederholen, an Weizen, weniger an Gerste und Roggen.

Erkennung:
Zur Zeit der Milchreife sind im Inneren der Kornanlagen meist mehrere gelbe oder ein bis zwei orangerote Maden, oft auch beiderlei Arten zugleich, anzutreffen.

Bedeutung:
In Befallsjahren bedeutende Qualitäts- und Mengenverluste. Mindererträge von mehr als 20 % sind in Gallmückenjahren nicht selten.

Schädling

Gelbe Weizengallmücke *(Contarinia tritici)*: Die winzige blassgelbe Mücke legt ab Ende Mai, das ist zur Zeit des Ährenschiebens, in den Abendstunden ihre Eier in kleinen Paketen hinter die Spelzen. Die ausschlüpfenden zitronengelben Maden gelangen an den Fruchtknoten, der bei Anwesenheit von mehr als fünf Maden abstirbt und verfault. In Gallmückenjahren können je Ähre bis zu 200 Larven und mehr angetroffen werden. Diese sind schon nach drei Wochen erwachsen und verlassen bei feuchtem Wetter die Ähren, um sich in der Erde einen ovalen Überwinterungskokon zu spinnen. Im Frühjahr verlassen die Larven die Kokons und verpuppen sich knapp unter der Erdoberfläche.
Rote Weizengallmücke *(Sitodiplosis mosellana)*: Die größere, orangerot gefärbte Mücke fliegt etwas später. Die Made ist ebenso gefärbt, im Übrigen aber jener der Gelben Weizengallmücke sehr ähnlich. Je Kornanlage kommen nur ein bis zwei Larven dieser Art zur Entwicklung, die Verkrümmungen und Schmachtkornbildung bewirken. Wegen des späteren Auftretens dieser Larven wird das Korn nicht so nachhaltig geschädigt.

Bekämpfung

Übermäßiger Halmfruchtanteil in der Fruchtfolge verstärkt die Gallmückenschäden außerordentlich. Winterweizensorten mit frühen bis mittelfrühen Ährenschubterminen sind im Durchschnitt der Jahre am meisten gefährdet. Die Wirtschaftlichkeit chemischer Bekämpfungsmaßnahmen ist nur in starken Gallmückenjahren gegeben, die sich jedoch schon Jahre vorher durch allmählichen Befallsanstieg anzeigen. Die Bekämpfung richtet sich gegen die Mücken, ist also zur Zeit des Ährenschiebens durchzuführen. Wirtschaftliche Schadensschwelle: ein bis zwei Mückenweibchen je zwei Ähren.

SATTELMÜCKE
Haplodiplosis equestris

Kopfende
der Larve

natürliche Größe: 3mm

natürliche
Größe: 4 mm

Puppe

erwachsene
Larve

Sattelgallen

Schaden

Auftreten:
In Alpentälern und in niederschlagsreichen Voralpengebieten sowie im Wald-
viertel fallweise vor allem an Sommerweizen und Sommergerste, aber auch an
Roggen und Hafer.

Erkennung:
Die Halme bleiben kurz und weisen Verdickungen auf, später knicken sie leicht
um. Die Verdickungen sind durch sattelartige Gallen verursacht, die unter der
Blattscheide entstehen und in denen die leuchtend zinnoberroten Maden liegen.
An stark befallenen Halmteilen tritt später Schimmelbildung und Fäulnis auf.

Bedeutung:
Bei starkem Befall durch frühzeitige Lagerung und Notreife bedeutende
Qualitäts- und Mengenverluste.

Schädling

Die blutrot gefärbte Mücke erscheint ab Anfang Juni. Die Flugzeit erstreckt sich
auf viele Wochen. Die Mücke legt die länglichen Eier in perlschnurartigen
Reihen an die Blattoberseite. Die ausschlüpfenden Maden dringen in die Blattscheiden ein und liegen später dem Stängel in Längsrichtung an. An diesen
Stellen bildet sich ein längliches Bett, und an dessen Vorder- und Hinterende entstehen gallenartige Polster. Die ganze Bildung hat die Form eines Sattels. Die
erwachsenen Larven verlassen die Pflanzen und überwintern im Boden. Die Verpuppung erfolgt im Frühjahr. Ein Teil der Larven kann auch einen Sommer lang
überliegen und die Entwicklung erst nach zwei Jahren beenden.

Bekämpfung

Behandlung der Bestände zur Zeit der Eiablage (Flugbeobachtung!) mit ent-
sprechend zugelassenen Insektiziden. Die Bekämpfung richtet sich gegen die
Mücken und gegen die aus den Eiern schlüpfenden Larven, bevor sie an den
Blattachseln in die Blattscheide eindringen. Wirtschaftliche Schadensschwelle: 15
Eier bzw. Eilarven je Halm (Wintergetreide), fünf Eier bzw. Eilarven je Halm
(Sommergetreide). Sorgfältige Queckenbekämpfung (Quecke ist der Hauptwirt
der Sattelmücke!).

GETREIDETHRIPSE
Haplothrips aculeatus und *Limothrips cerealium*

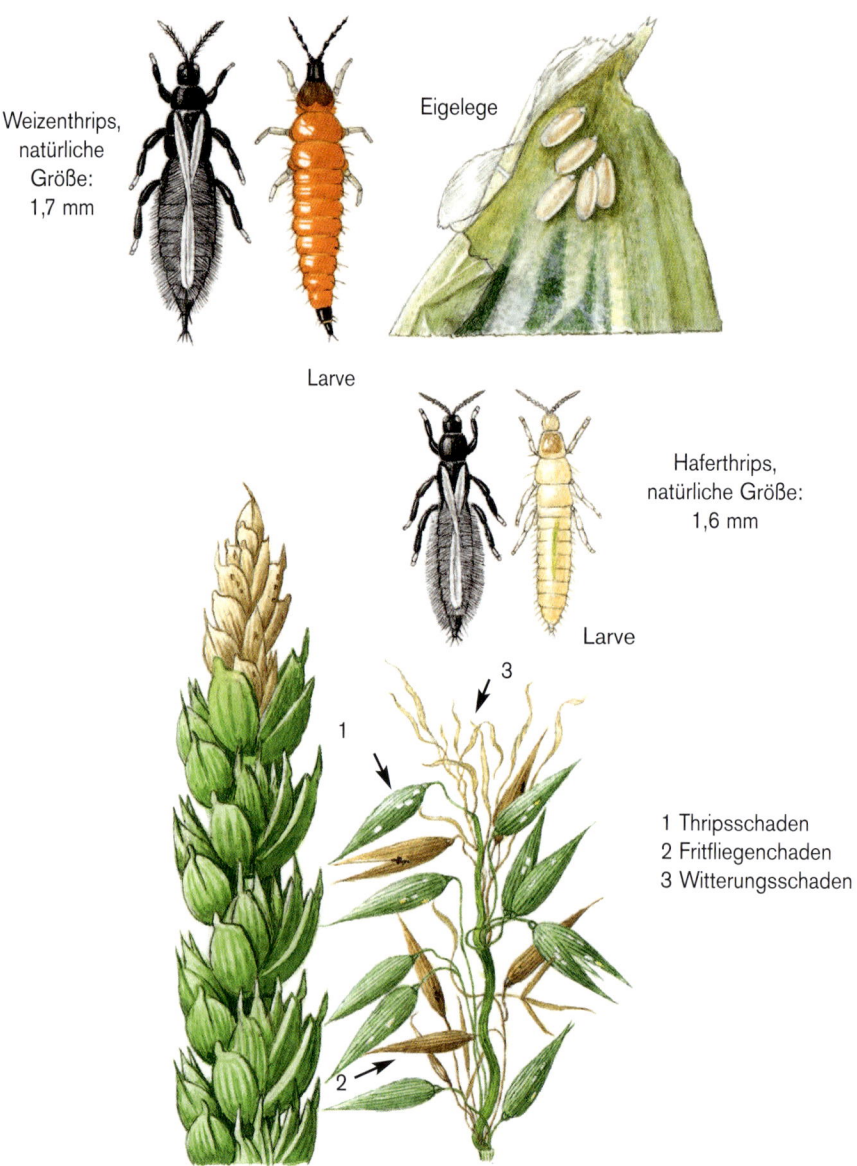

Weizenthrips,
natürliche
Größe:
1,7 mm

Eigelege

Larve

Haferthrips,
natürliche Größe:
1,6 mm

Larve

1
3
2

1 Thripsschaden
2 Fritfliegenchaden
3 Witterungsschaden

Schaden

Auftreten:
An Sommerweizen (besonders Durumsorten) und Winterweizen, seltener an Hafer.

Erkennung:
Vergilbung vor allem der Ährenspitzen, partielle Taubährigkeit (nicht Weißährigkeit!), Fleckigkeit der Spelzen, bei Weizen unregelmäßig verlaufende Bräunungen, bei Hafer abgegrenzte helle Flecken. In den Kornanlagen finden sich winzige lanzettförmige, schwarze, zinnoberrote oder auch blassgelbe (besonders bei Hafer) Insekten. Irrtümlich wird auch die totale oder partielle Weißährigkeit als Thripsschaden angesehen.

Bedeutung:
Bei starkem Befall in Thripsjahren kann es besonders bei Durumweizen zu beträchtlichen Qualitäts- und Ertragseinbußen kommen.

Schädling

Weizenthrips *(Haplothrips aculeatus)*: Erwachsene Tiere schwarz, mit schmalen Fransenflügeln, die Larven in Gestalt sehr ähnlich, jedoch auffallend zinnoberrot gefärbt. An Sommer- und Winterweizen, aber auch an anderen Getreidearten und Gräsern häufig.

Haferthrips *(Limothrips cerealium)*: Erwachsene Tiere der vorigen Art sehr ähnlich, jedoch etwas schlanker, Larven blassgelb. Vor allem an Hafer, jedoch auch an allen anderen Getreidearten und an Gräsern vorkommend. Die erwachsenen Tiere treten im Frühjahr vor allem in der Blattscheide auf. Sie legen ihre Eier dort, aber auch mit Vorliebe hinter die Spelzen der noch nicht geschobenen Ähre ab. Später halten sie sich gemeinsam mit den Larven mit Vorliebe in den Kornanlagen auf und besaugen Fruchtknoten und Spelzen. Sie erzeugen dadurch silbrig glänzende helle Saugflecken und hinterlassen punktförmige schwarze Kotflecken. Bei Sommerweizen wird in starken Befallsjahren vor allem die Ährenspitze heimgesucht. Die Überwinterung erfolgt im Boden. Der Weizenthrips ist bedeutend häufiger und schädlicher als der Haferthrips.

Bekämpfung

Häufiger Anbau von Halmfrucht nach Halmfrucht führt zu einer Zunahme des Befalls. Die Bekämpfung richtet sich vornehmlich gegen die Thripse bei der im Frühling stattfindenden Eiablage mit zugelassenen systemischen oder teilweise systemisch wirkenden Insektiziden (siehe Amtliches Pflanzenschutzmittelverzeichnis).

GETREIDEWANZEN
Eurygaster maura, Aelia acuminata u. a.

Kleine Breitbauchwanze

Spitzling

10 mm

9 mm

wanzenstichiges Korn

Eigelege der Kleinen Breitbauchwanze

Schaden

Auftreten:
An Weizen zur Zeit der Milchreife bis zur Vollreife.

Erkennung:
Wanzenstichige Weizenkörner weisen helle Flecken mit dunklem Mittelpunkt (Einstichstelle, die dunkle Verfärbung kann auch fehlen) auf. Oft sind die Flecken eingesunken, manchmal auch etwas erhaben – je nach dem Entwicklungszustand, in dem das Korn besaugt wurde.

Bedeutung:
Der Wanzenspeichel enthält Stoffe, die das Klebereiweiß abbauen. Je nach Sorte und Kleberqualität können schon Wanzenstiche bei mehr als 3 % der Körner Leimkleberbildung und damit den Verlust der Backfähigkeit des aus solchem Weizen hergestellten Mehls bewirken.

Schädling

In Mitteleuropa sind vor allem Breitbauchwanzen und Spitzlinge Urheber des Wanzenstiches beim Weizen Die erwachsenen Wanzen überwintern an Waldrändern, Hecken usw. unter Faullaub und Steinen. Im Frühjahr erscheinen sie an den Feldrainen, später auf den jungen Getreidekulturen, besonders wenn diese stark verunkrautet sind. Ab Ende Mai werden die Eier in einzelnen Gelegen an die Halme und Blätter der Getreidepflanzen (nicht nur an Weizen), aber auch an bodennahe Unkräuter gelegt. Die Legeperiode erstreckt sich über sechs bis acht Wochen, reicht somit noch bis in die zweite Julihälfte hinein. Nach ein bis zwei Wochen erscheinen die Larven, welche zunächst die Gestalt einer Halbkugel haben, im Übrigen aber schon normale Beine und einen Saugrüssel wie die erwachsenen Wanzen besitzen. Sie besaugen Blätter und Stängel und wachsen rasch heran. Mit beginnender Milchreife konzentriert sich der Befall auf die Ähren. Bei der Mähdrescherente gelangt in den Wanzenjahren eine Unzahl von Wanzen mit in die Lagerräume. Dort richten sie jedoch keinen Schaden mehr an, vielmehr gehen sie bald zugrunde.

Bekämpfung

Eine sorgfältige Unkrautbekämpfung vermindert die Anziehungskraft der Weizenfelder für die zufliegenden Wanzen. Anbau kleberstarker Weizensorten; reine Ertragssorten vermeiden. Die Bekämpfung ist selten notwendig, richtet sich jedoch gegen Larven und Erwachsene zur Zeit der Milchreife. Erst ab einem Befall von zwei Wanzen je Quadratmeter ist eine Bekämpfung rentabel.

GETREIDEHALMWESPE
Cephus pygmaeus

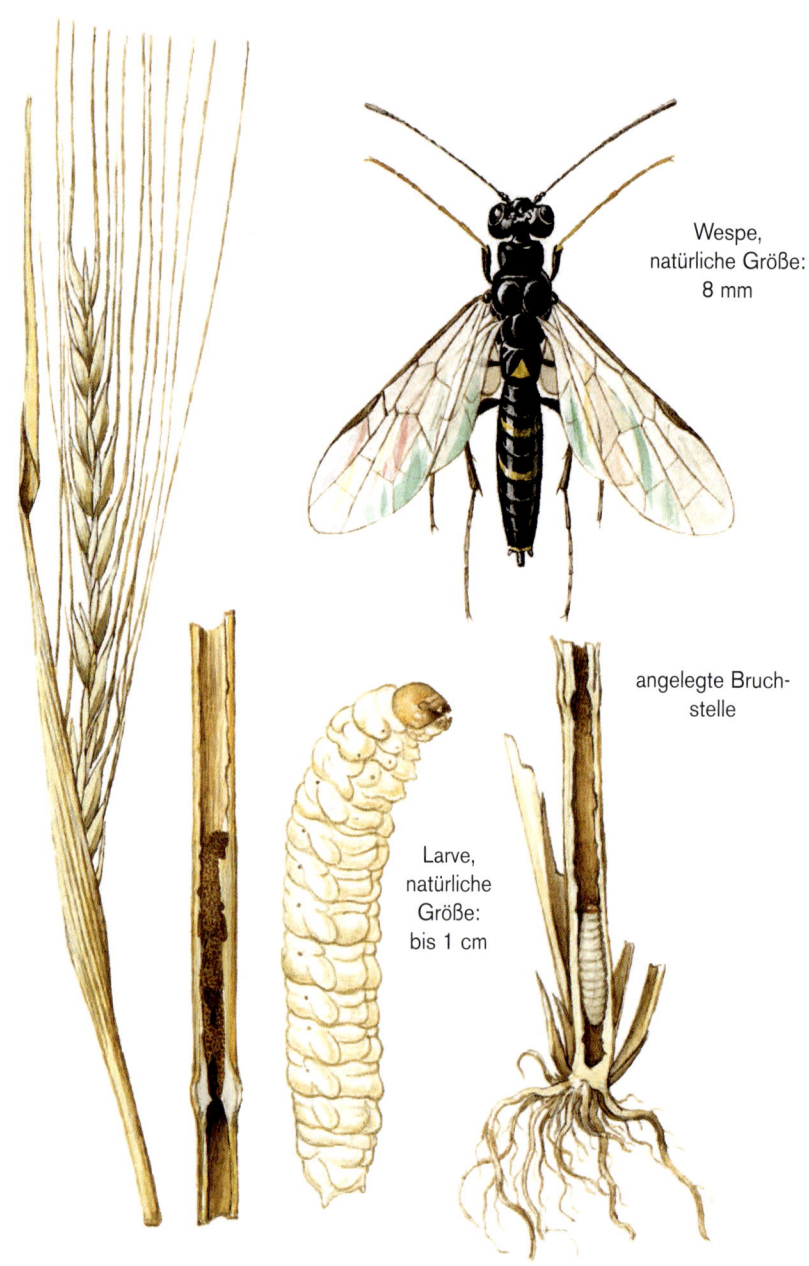

Wespe,
natürliche Größe:
8 mm

angelegte Bruch-
stelle

Larve,
natürliche
Größe:
bis 1 cm

Schaden

Auftreten:
An Weizen, Roggen und Gerste, fallweise ab Juni.

Erkennung:
Einzelne Pflanzen vergilben frühzeitig, die Ähren bleiben taub und werden notreif. Die Halme brechen infolge einer von der Larve des Schädlings angelegten „Sollbruchstelle" leicht in Bodennähe um.

Bedeutung:
Früher von größerer Bedeutung, ist die Getreidehalmwespe heute ein sogenannter „Gelegenheitsschädling", der nur sporadisch und örtlich begrenzt so stark überhandnimmt, dass es zu fühlbaren Ertragsverlusten kommt.

Schädling

Die schlanken schwarzen Wespen fliegen im Mai und Juni und versenken ihre Eier mittels eines Legestachels in einen der oberen Halmknoten Die ausschlüpfende fußlose Larve bohrt sich im Inneren des Halmes abwärts und frisst von dem Parenchymgewebe, das diesen innen auskleidet. An den Engstellen bei den Halmknoten sammeln sich Kot und Genagsel an. Bis kurz vor der Ernte ist die Larve erwachsen und hat die Stängelbasis erreicht. Bevor sie sich in der Stoppel zur Überwinterung in einen Kokon einspinnt, legt sie knapp über dem Boden im Halm eine ringförmige Fraßfurche an und verschließt den Raum darunter mit Genagsel. Bei Trockenheit brechen die so präparierten Halme schon bei geringer Windstärke um, sodass die Wespe, welche nach der Verpuppung im Frühjahr erscheint, leicht ins Freie gelangt.

Bekämpfung

Durch tiefes Unterpflügen oder durch Abbrennen der Stoppeln im Herbst werden die überwinternden Larven vernichtet. Da Halmwespenschäden selten und dann immer spontan auftreten, besteht meist keine Chance für die rechtzeitige Durchführung einer chemischen Bekämpfung, die zur Flugzeit der Wespe erfolgen müsste.

GETREIDEZYSTENNEMATODE (= Haferzystennematode)
Heterodera avenae

Zysten mit weißer,
subkristalliner Schicht

natürliche Größe
der zitronenförmig
gestalteten Zysten:
0,6–0,8 mm
lang und
0,5 mm breit

gesunde Pflanze   kranke Pflanze

Schaden

Auftreten:
Besonders häufig Schäden an Hafer und Gerste, aber auch an Weizen, Triticale und Roggen bei hohem Anteil an Getreide in der Fruchtfolge. Sommergetreide wird allgemein stärker befallen. Niederschlagsreiche Gebiete mit leichten und mittleren Böden sowie intensivem Getreideanbau sind besonders gefährdet.

Erkennung:
Meist nesterweise Wachstumshemmungen, besonders deutlich in Haferbeständen. Die Bestockung ist nur schwach und junge Blätter verfärben sich zunächst rötlich, später gelb. Der Kornansatz bleibt gering und die Abreife ist verzögert. Die Wurzeln befallener Pflanzen sind schwach ausgebildet, struppig, verkürzt und verbräunt. Etwa Mitte Juni können an den befallenen Wurzeln sehr kleine, weiße, zitronenförmige Weibchen beobachtet werden. Im Boden sind Nematodenzysten und Larven, bedingt durch ihre Kleinheit, mit freiem Auge nicht sichtbar.

Bedeutung:
Bei zunehmendem Anteil des Getreides an der Fruchtfolge fällt bei Nematodenbefall der Ertrag stark ab. Hafer ist eine sehr gute Wirtspflanze, und starker Nematodenbefall führt zur „Hafermüdigkeit" des Bodens.

Wirtspflanzen:
Getreidezystennematoden befallen nur Gramineen, besonders Hafer und Sommergerste, aber auch Wintergerste, Sommer- und Winterweizen, Triticale und Roggen. Mais wird zwar befallen, ist aber keine gute Wirtspflanze. Zahlreiche Gräserarten, wie z. B. Flughafer, Wiesenrispengras, Wiesenschwingel, Knäuelgras, Weiche Trespe u. a., sind Wirtspflanzen.

Schädling und Lebensweise

Getreidezystennematoden sind mikroskopisch kleine Würmer (= Fadenwürmer oder Älchen), die im Boden leben und die Wurzeln parasitieren. Die Weibchen schwellen zu kleinen zitronenförmigen Gebilden, den sogenannten Zysten an, welche die Eier und Larven der nächsten Generation enthalten. Getreidezystennematoden treten in Mitteleuropa in vielen verschiedenen Pathotypen auf.
Die Entwicklung der Getreidezystennematoden erfolgt über ein Eistadium und wurmförmige Larvenstadien (L1 bis L4) zu den geschlechtsreifen Tieren. Während die Männchen wurmförmig sind, schwellen die Weibchen zitronenförmig an und werden beim Absterben zur Zyste (= Brutkapsel). Jede Zyste enthält ca. 200–300 Eier und es entwickelt sich eine Generation pro Jahr.

Die Entwicklung von der Larve bis zu neuen Eiern dauert ca. drei Monate. Die Eilarve (L1) häutet sich noch im Ei zum zweiten Larvenstadium (L2). Diese Larven (L2) schlüpfen meist spontan im Frühjahr aus der Zyste, dringen mit ihrem Mundstachel an der Wurzelspitze in das Innere der Wurzel ein und saugen an den Pflanzenzellen. Dadurch werden die Nährstoffversorgung und das Pflanzenwachstum beeinträchtigt. Durch mehrere Häutungen entwickeln sich aus den Larven Männchen und Weibchen. Die Weibchen schwellen zitronenförmig an und platzen schließlich mit ihrem hinteren Körperabschnitt aus dem Wurzelgewebe heraus. Sie sind mit freiem Auge gerade noch an den Wurzeln als kleine weiße Punkte erkennbar (Größe: 0,6–0,8 mm). Die wurmförmigen Männchen wandern aus der Wurzel und befruchten das Weibchen. Nach dem Reifen der Eier stirbt das Weibchen. Es verfärbt sich braun, fällt von der Wurzel ab und bleibt als Zyste im Boden liegen. Die ehemalige Kopf- und Halsregion des abgestorbenen Weibchens ist als kleine Spitze an der zitronenförmigen Zyste erkennbar. Gut geschützt in der widerstandsfähigen Zyste können Eier und Larven auch ungünstige Lebensbedingungen mehrere Jahre im Boden überleben.

Vorbeugung und Bekämpfung

1. Fruchtfolge: Getreidezystennematoden sind typische Fruchtfolgeschädlinge. Eine geregelte Fruchtfolge ist daher die wichtigste Maßnahme, um die Nematodendichte zu vermindern und den Ertrag zu steigern. Da besonders Hafer eine ausgezeichnete Wirtspflanze ist, sollte er nicht häufiger als alle fünf bis sechs Jahre sowie nicht nach Sommergerste oder Sommerweizen angebaut werden. Befallsenkend wirkt sich der Anbau von Hack-, Öl- und Hülsenfrüchten sowie Futterpflanzen (keine Gräser) aus. Mais ist eine schlechte Wirtspflanze von Getreidezystennematoden, wird aber bei hohen Befallsdichten geschädigt.
2. Unkrautbekämpfung: Da viele Gräser gute Wirtspflanzen sind (z. B. Flughafer), wirkt sich eine sorgfältige Unkrautbekämpfung befallsmindernd aus.
3. Aussaat: Eine möglichst frühe Aussaat kann Nematodenschäden mindern.
4. Betriebshygiene: Nach Bearbeitung eines nematodenbefallenen Feldes müssen Traktorräder und Bearbeitungsgeräte sorgfältig von Erde gereinigt werden, um einer Verschleppung der Nematodenzysten auf ein anderes Feld vorzubeugen.
5. Bodenuntersuchung: Bei Befallsverdacht sollte eine vorbeugende Bodenuntersuchung (Feststellung der Zystenzahl) vor dem geplanten Getreidebau durchgeführt werden, um entsprechende Maßnahmen rechtzeitig treffen zu können.

GETREIDEBLATTLÄUSE

Sitobion (= Macrosiphum) avenae (Große Getreideblattlaus),
Rhopalosiphum padi (Haferblattlaus),
Metopolophium dirhodum (Bleiche Getreideblattlaus) u. a.

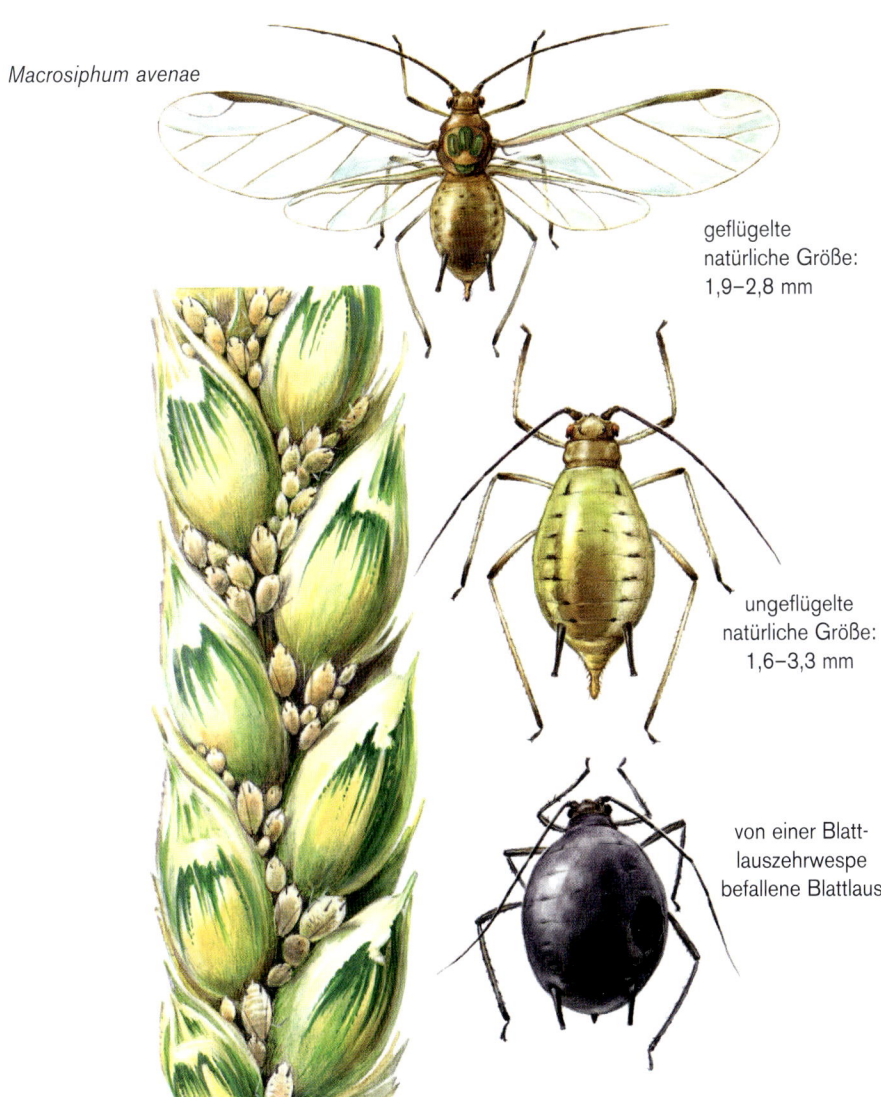

Macrosiphum avenae

geflügelte
natürliche Größe:
1,9–2,8 mm

ungeflügelte
natürliche Größe:
1,6–3,3 mm

von einer Blatt-
lauszehrwespe
befallene Blattlaus

Schaden

Auftreten:
Im Juni und Juli bis zur Gelbreife auf Winterweizen, fallweise auf Hafer, in größeren Gebieten oder örtlich begrenzt. Im Herbst ab Auflaufen der Wintersaaten bis zum ersten Frost.

Erkennung:
Die Ähren sind in den Zwischenräumen zwischen den Ährchen dicht mit grünen bis gelblichen ungeflügelten und wenigen geflügelten Blattläusen besetzt. Im Herbst saugen die Blattläuse oft in den Blattachseln oder in zusammengerollten Blättern, manchmal auch an den entfalteten Blattspreiten.

Bedeutung:
Durch die Saugtätigkeit der Blattläuse an der Ährenspindel und an den Ährchenansätzen, bei Hafer an den Ährchenstielen, wird den heranwachsenden Körnern Nahrung entzogen. Ertragsverluste mit Notreife und Qualitätseinbußen sind die Folge. Im Herbst und im Frühjahr können die Blattläuse die viröse Gelbverzwergung und andere Virosen übertragen (siehe Seite 88 f.).

Schädling

Die Große Getreideblattlaus hat keinen obligaten Wirtswechsel wie andere verwandte Blattlausarten; ihre gesamte Entwicklung verläuft auf Gräsern und Getreidearten. Die im Frühjahr ab Mitte Mai die Weizen- und Haferfelder anfliegenden Läuse gründen auf einzelnen Pflanzen bzw. Ähren Kolonien ungeflügelter grüner bis rötlich brauner Läuse, die sich ihrerseits ungeschlechtlich und lebend gebärend weitervermehren und in rascher Generationenfolge (bei günstiger Witterung wöchentlich eine Generation) weiter ausbreiten. Nach Erreichung der Milchreife der Getreidekörner bricht der Blattlausbefall auf den Getreidefeldern von selbst wieder zusammen, die Läuse wandern zunächst auf Gräser, später auf Auflaufgetreide über und bekommen somit Anschluss an früh auflaufende Wintersaaten. Die Wintereier findet man an Wildgräsern und Ausfallgetreide.
Die Bleiche Getreideblattlaus überwintert an Rosengewächsen, die Haferblattlaus an der Traubenkirsche. Beide haben an Getreide eine ähnliche Entwicklung wie die Große Getreideblattlaus.

Bekämpfung

Getreideblattläuse treten immer häufiger in bekämpfungswürdigem Ausmaß auf. Als wirtschaftliche Schadensschwelle wird ein Befall von drei bis fünf Blattläusen je Ähre zu Beginn der Weizenblüte bei aufsteigender Populationstendenz (innerhalb einiger Tage eine Zunahme der Blattlauszahl) angesehen. Eine spätere

Bekämpfung ist in den meisten Fällen unrentabel. In Betracht kommen gegen Blattläuse zugelassene Insektizide (siehe Amtliches Pflanzenschutzverzeichnis). Wartezeiten beachten! Für die Ausbringung der Mittel mit Bodengeräten ist die Anlage von Fahrgassen Voraussetzung.

Bei fortgeschrittener Blattlausvermehrung erscheinen auf befallenen Pflanzen zahlreiche Marienkäfer, Schwebfliegen, Florfliegen und deren Larven und stellen den Blattläusen nach. In den Lauskolonien finden sich immer mehr bronzefarbene Läuse, die durch eine Zehrwespe parasitiert sind, und dicke braune Blattläuse mit warziger Oberfläche als Opfer einer Pilzkrankheit. Alle diese Feinde bringen den Befall schließlich zum Zusammenbruch (siehe Seite 14 ff.). Erfolgt der Einsatz chemischer Mittel so frühzeitig wie möglich (Weizenblüte), werden diese Nützlinge weitgehend geschont. Nützlingsschonende und minder bienengefährliche Präparate bevorzugen.

Gegen Blattläuse im Herbst kann ein lang wirkendes Saatgutinkrustierungsmittel das Auftreten der virösen Gelbverzwergung verhindern. Die Behandlung mit einem zugelassenen Spritzmittel hat eine geringere Wirkungsdauer und muss bei anhaltend warmem Wetter in vielen Fällen wiederholt werden (siehe Seite 88 f.).

SCHÄDLICHE NACKTSCHNECKEN
Deroceras reticulatum
Arion lusitanicus und andere Arten

natürliche Größe:
bis 4 cm

Schaden

Auftreten:

Im Einzeljahr ist die Niederschlagsmenge für die Massenvermehrung der einzelnen Schneckenarten maßgebend. Anhaltend feuchte und milde Frühjahrswitterung ist die Voraussetzung dafür, dass es zu größeren Schäden an Sommerungen und am Mais kommt; an Winterungen treten im Herbst und Spätherbst nach feuchten Sommern Schäden auf.

Erkennung:
Lückenhaft auflaufende Saat, wobei die Saatkörner der fehlenden Pflanzen nur mehr als leere Hülle vorhanden sind. An den Blättern der jungen Pflanzen kommt es zu Loch- und teils auch Fensterfraß. Auf Blättern und Erde finden sich silbrig glänzende Schleimspuren.

Bedeutung:
In Schneckenjahren, d.h. in regenreichen Jahren mit milden Temperaturen, können in Gebieten, in denen die mittlere Niederschlagsmenge 600 mm und mehr beträgt, die Schäden durch Schneckenfraß so groß sein, dass die betroffenen Flächen umgebrochen werden müssen. Der Schaden geht meist vom Feldrand aus.

Schädling

Einige Arten der Familien Arionidae *(Arion rufus, Arion lusitanicus* [durch Gemüseimporte aus Mittelmeerländern eingeschleppt], *Arion fasciatus, Arion hortensis)*, Limacidae *(Limax maximus)*, Milacidae und Agriolimacidae *(Deroceras reticulatum)* gewöhnen sich sehr leicht an Kulturpflanzen und werden zu schwer bekämpfbaren Schädlingen.
Schnecken können nur in niederschlagsreichen Gebieten bzw. Jahren fallweise zu allgemeinen Schädlingen werden. Besonders aktiv sind sie in den Sommermonaten bei hinreichendem Niederschlag und Temperaturen von 17 bis 20 °C.

Lusitanische Wegschnecke, *Arion lusitanicus*

Tigerschnecke, *Limax maximus*

Die Eiablage erfolgt meist vom Spätsommer bis in den Herbst. Die Entwicklung vom Ei bis zur geschlechtsreifen Schnecke dauert mehrere Monate, die Gesamtlebensdauer beträgt etwas über ein Jahr. Natürliche Feinde der Nacktschnecken sind z. B. Kröten und Igel.

Schnecken halten sich tagsüber verborgen und suchen ihre Fraßpflanzen nur nachts auf. In den auflaufenden Saaten suchen sie die Saatkörner heim, höhlen sie aus und fressen auch den Keimling. An jungen Pflanzen befressen sie die Blätter von der Fläche her, wobei ein länglicher bis streifiger Loch- oder Fensterfraß entsteht. Sie hinterlassen auf Pflanzen und Boden reichlich Schleimspuren, sodass eine starke Schneckenvermehrung mit einiger Aufmerksamkeit frühzeitig entdeckt werden kann.

Bekämpfung

Befallsfreie Flächen schützt man durch Sperrstreifen aus wasserentziehenden, ätzenden Stäubemitteln, die am besten in den Abend- oder frühen Morgenstunden, wenn die Schnecken ihre Verstecke verlassen haben, an den gefährdeten Feldrändern ausgestreut werden.

Anwendbar sind Branntkalk, Kalkstickstoff, Holzasche u. a. (z. B. Branntkalk, mit wenig Wasser gelöscht, 2 × 300–400 kg/ha oder ungeölter Kalkstickstoff 2 × 100–150 kg/ha).

Bei noch niedrigen Pflanzenbeständen (10–15 cm hoch) kann auch eine Flächenbehandlung mit einem zu diesem Bekämpfungszweck anerkannten Spritzmittel durchgeführt werden.

Kleinräumig ist die Anwendung von Köderpräparaten, die als Fraßgift wirken, möglich. Bei Präparaten auf Metaldehydbasis ergibt sich die beste Wirkung bei relativ trockenem und heißem Wetter. Mercaptodimethurmittel sind in ihrer Wirkung weniger witterungsabhängig.

Die biologische Bekämpfung wird derzeit mit einem endoparasitischen Nematoden *(Phasmarhabditis hermaphrodita)* und einem aus der Quecke *(Agropyron repens)* gewonnenen Molluskizid versucht. Zur kleinräumigen Reduktion des Nacktschneckenbestandes halten manche Biobauern Moschusenten.

FRITFLIEGE
Oscinella frit

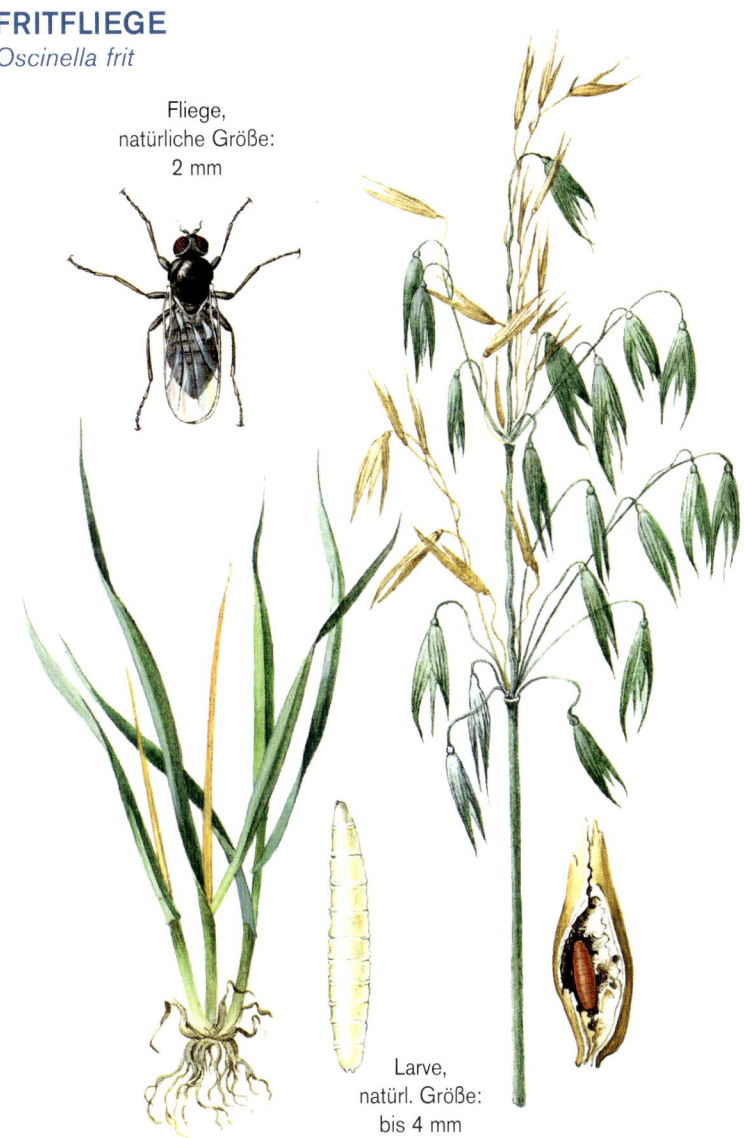

Fliege,
natürliche Größe:
2 mm

Larve,
natürl. Größe:
bis 4 mm

Schadbild an Getreide

Schaden

Auftreten:

Im Herbst und Frühjahr an den jungen Getreidebeständen; im Frühsommer an
Mais; im Sommer an Hafer und Gerste.

Schadbild an Mais

Erkennung:
Winterschaden: An den Pflanzen vergilbt im Herbst oder zeitigen Frühjahr das Herzblatt, das sich leicht herausziehen lässt. Frühsommerschaden: An den jungen Maispflanzen entfalten sich die äußeren Blätter nicht, es kommt zu auffälligen Blattverwicklungen und -zerreißungen. Sommerschaden: An den Fruchtständen von Hafer und Gerste vergilben einzelne Partien und bleiben taub. Auch totale oder partielle Weißährigkeit mit Fraßspuren an der Rispen- oder Ährenspindel kommt vor.

Bedeutung:

Winterschaden: In Fritfliegenjahren müssen stark befallene Felder oft schon im Herbst umgebrochen und neu angebaut werden. Frühsommerschaden an Mais: Wächst sich normalerweise wieder aus, weil der Herztrieb nicht zerstört wird. Nur in Jahren mit anhaltender kühler Witterung nach der Maisaussaat oder in Grenzlagen des Körnermaisanbaues ist der Schaden nachhaltiger, sodass es zu vermehrter Ausbildung von Geiztrieben oder zum Absterben der Pflanzen kommt. Sommerschaden an Hafer und Gerste: Bei starkem Befall beträchtliche Minderung des Kornertrages.

Schädling

Die Fritfliege entwickelt durchschnittlich drei Generationen jährlich. Die Fliegen der Frühjahrsgeneration erscheinen im April und fliegen bis Juni. Die Sommergeneration fliegt in den Monaten Juni und Juli, die Herbstgeneration von August bis Ende September, oft noch bis in den Spätherbst hinein. Die weißen schlanken Maden leben minierend und entwickeln sich meist zu mehreren gemeinsam. Mit ihren kräftigen Mundhaken zerreißen sie das Pflanzengewebe und hinterlassen charakteristische Fraßspuren. Die erwachsenen Maden verwandeln sich in rotbraune Tönnchenpuppen, aus denen nach kurzer Zeit die Fliegen schlüpfen. Überwinterung im Larvenstadium (Winterschaden).

Bekämpfung

In Fritfliegenjahren Winterungen erst ab dem letzten September-Drittel anbauen. Sommergetreide soll hingegen möglichst früh gesät werden. Außerdem ist durch richtige Bodenbearbeitung, Saattiefe und Düngung das rasche und kräftige Pflanzenwachstum zu fördern. Mais nicht zu früh anbauen, sonst fällt seine erste Entwicklung noch in die Hauptflugzeit der Frühjahrsgeneration. In erfahrungsgemäß von der Fritfliege heimgesuchten Befallsgebieten, besonders in Grenzlagen des Körnermaisanbaues, kann auch der Einsatz chemischer Mittel kostendeckende Erfolge bringen: Anwendung von anerkannten Granulaten in Reihenbehandlung gleichzeitig mit dem Anbau oder der Anwendung von anerkannten Spritzmitteln, wenn 50 % der Pflanzen aufgelaufen sind. Der Spritztermin muss möglichst genau eingehalten werden, Abweichungen verringern die Wirkung. Da die chemischen Maßnahmen, die den größten Erfolg versprechen, vorbeugender Art sind, sollte durch Abschätzung des Schadensrisikos erst die Wirtschaftlichkeit geprüft werden. Nur bei voraussichtlich sehr starkem Befall (70–100 %) kann die Anwendung chemischer Mittel sinnvoll, d. h. ökonomisch gerechtfertigt sein. Bei Totalschäden mit dem Umbruch nicht zu lange zuwarten, sonst können die Larven ihre Entwicklung noch rechtzeitig beenden. Nicht erneut Halmfrucht nachbauen, wenn dies aber unvermeidbar ist, dann ist eine Saatgutbehandlung mit einem gegen schädliche Fliegenmaden im Getreidebau registrierten Saatgutschutzmittel unbedingt erforderlich.

WESTLICHER MAISWURZELBOHRER
Diabrotica virgifera virgifera

Käfer, natürliche Größe: 5–6 mm

Ei, natürliche Größe: 0,5 mm

Larve, natürliche Größe: 15 mm

Puppe, natürliche Größe: 3–4 mm

Starker Wurzelfraß

Fraß an den Narbenfäden des Maiskolbens

Schaden

Auftreten:
Ab etwa Mitte oder Ende Mai bis Juli schlüpfen die Larven aus den überwinternden Eiern und fressen an den Wurzeln der Maispflanzen. Die Käfer erscheinen ab Ende Juni und leben bis in den Oktober hinein. Sie fressen an Blättern, Fahnen, Narbenfäden und den sich entwickelnden Körnern an den Kolben.

Erkennung:
Im Wurzelbereich leben schlanke, längliche, zylindrische, weißliche Larven mit drei Beinpaaren, brauner Kopfkapsel und einem braunen Chitinschild am Hinterende. Im Bestand fliegen zahlreiche 5–6 mm lange, gelb-schwarze Käfer lebhaft umher. Man findet sie insbesondere an den Narbenfäden, aber auch an allen anderen oberirdischen Pflanzenorganen.

Bedeutung:
Die Larven sind weitaus schädlicher als die Käfer. Die Junglarven fressen zunächst an Haarwurzeln, spätere Stadien dann auch an größeren Wurzeln. Sie bohren sich auch gerne in die Wurzeln ein, wobei das gesamte Wurzelgewebe gefressen wird, oder aber sie befressen die größeren Wurzeln auch von außen (engl.: „root pruning"). Charakteristisch ist das sogenannte „Gänsehals-Symptom" (engl.: „goose-necking"), wobei sich die Pflanzen nach anfänglicher Lagerung wieder aufrichten und so eine gekrümmte Form bekommen, ähnlich einem Gänsehals. Durch den Fraß werden Aufnahme und Transport von Nährstoffen zu den oberirdischen Teilen behindert und sekundäre pilzliche Infektionen begünstigt; die Pflanzen neigen stark zur Lagerung. Die Larven des Maiswurzelbohrers fressen ausschließlich an den Wurzeln von Mais und (in den USA) einigen anderen Gräsern. Inwieweit in Europa einheimische oder kultivierte Gräser als Wirtspflanzen für die Larven infrage kommen, ist noch nicht bekannt.

Das sogenannte „Gänsehals-Symptom"

Lagerung als Folge des Wurzelfraßes der Larven

Die Käfer fressen vorwiegend Pollen, Narbenfäden, aber auch manchmal milchreife Körner. Durch ihren Fraß können sie die Befruchtung beeinträchtigen, insbesondere wenn der Fraß an den Narbenfäden (engl.: „silk clipping") starke Ausmaße annimmt. Wenn die Maispflanzen zum Zeitpunkt des Auftretens der Käfer noch keine Geschlechtsorgane ausgebildet haben, fressen die Käfer an den Blättern und erzeugen dort einen sogenannten „Fensterfraß" (Ähnlichkeit mit dem Fraßbild des Getreidehähnchens). Käfer fressen manchmal auch an anderen Pflanzen, wie z. B. Sojabohne (auch in Europa, z. B. in der Vojvodina) oder Cucurbitaceen (Kürbis, Melone, Gurke, Zucchini). Die Käfer sind überhaupt sehr mobil und fliegen zwischen nahe gelegenen Feldern hin und her; sie legen ihre Eier auch in „fremde" Maisfelder ab, also auch in solche, die bereits behandelt wurden, sowie gelegentlich in fremde Kulturen.

Es können sehr bedeutende Ertragsverluste (bis 50–80 %) auftreten; besonders bei Saat- und Süßmais haben Befruchtungsstörungen schwerwiegende Schädigungen und Qualitätseinbußen zur Folge.

Schädling

Der Westliche Maiswurzelbohrer ist in Nordamerika beheimatet und gilt dort als bedeutendster Schädling im Ackerbau. Er wurde 1992 in Europa in der Nähe des Belgrader Flughafens entdeckt und breitet sich von dort rasant in alle Richtungen aus. Im Jahr 2002 wurde er zum ersten Mal in Österreich im Burgenland und im östlichen Niederösterreich festgestellt.

Die etwa 5–6 mm langen Käfer haben einen dunklen Kopf, einen gelben Halsschild und schwarze Deckflügel mit seitlich gelegenen gelben Streifen, die breiter oder schmäler sind bzw. selten ganz fehlen können. Das Abdomen und die Beine sind gelb, manchmal angedunkelt. Die Fühler können bis fast körperlang sein und sind ein gutes Merkmal, um Käfer an der Klebefalle zu diagnostizieren. Sie erscheinen gewöhnlich Ende Juni bis Anfang Juli, in besonders warmen Jahren sogar im Mai, wobei die Männchen normalerweise vor den Weibchen aus der Puppe schlüpfen. Sie bleiben zunächst im Feld, in dem sie sich entwickelt haben, können dann aktiv oder durch Windverfrachtung weiterwandern. Oft wechseln sie zu später reifenden Maisfeldern, deren Pflanzen noch frische Fahnen und Narbenfäden besitzen. Die Weibchen kopulieren bald nachdem sie erschienen sind, brauchen aber einen etwa zweiwöchigen Reifungsfraß, bevor sie Eier ablegen können.

Die Weibchen legen ihre 300–400 (manchmal bis zu 1.000) ovalen, weißen und lediglich etwa 0,5 mm großen Eier in den Boden in 5 bis 20 cm Tiefe ab, gelegentlich auch tiefer, insbesondere wenn der Boden trocken ist. Die Eier werden hauptsächlich in die Erde von Maisfeldern abgelegt, obwohl auch eine geringe Überlappung von 5 bis 30 m in benachbarte Felder vorkommen kann. Die Eier überwintern im Boden, wobei ihr Überleben stark von der Temperatur abhängig ist. Während für die weitere Entwicklung eine kälteinduzierte Ruhepause unerlässlich ist, können sich tiefe Temperaturen (unter –10 °C) über einen längeren Zeitraum negativ auf die Überlebensrate der Eier auswirken.

Auch Zeitpunkt des Larvenschlupfs aus den Eiern im Frühjahr sowie Dauer der Larven- und Puppenentwicklung sind stark von der Temperatur abhängig. Die ersten Larven erscheinen gewöhnlich im Mai, und man findet sie bis in den August hinein an den Wurzeln der Maispflanzen. Der Höhepunkt des Auftretens liegt gewöhnlich in den Monaten Mai und Juni. Die schlanken, länglichen, zylindrischen Larven haben drei Beinpaare und sind weißlich mit brauner Kopfkapsel und einem braunen Chitinschild am Hinterende. Frisch geschlüpfte Larven des ersten Stadiums sind etwa 3 mm lang. Ausgewachsene Larven im dritten (und letzten) Stadium erreichen eine Länge von 15 mm. Die Larvalentwicklung ist in etwa drei bis vier Wochen abgeschlossen. Die frisch geschlüpften Junglarven im ersten Stadium können maximal ca. 0,5 m weit wandern, um geeignete Nahrung (Maiswurzeln) zu finden. Nach abgeschlossener Larvalentwicklung fertigen die Larven im Boden ovale Erdkokons an, in denen sie sich verpuppen. Die weiße Puppe ist etwa 3–4 mm lang und lässt schon die Form des zukünftigen Käfers erkennen. Die Verpuppung dauert nur wenige Tage, dann tritt der fertige Käfer aus dem Kokon heraus und arbeitet sich zur Bodenoberfläche vor. Der Maiswurzelbohrer hat eine Generation im Jahr.

Bekämpfung

Die einfachste, effizienteste und billigste Bekämpfungsmethode ist eine Fruchtfolge mit Mais erst im zweiten, besser im dritten Jahr. Da die Larven des Maiswurzelbohrers, die in Böden vorjähriger Maisflächen aus den Eiern schlüpfen, ein nur geringes Wandervermögen haben, gehen sie sehr schnell zugrunde, wenn sie nicht bald Maiswurzeln finden. Wenn Mais nicht nach Mais gebaut wird, sind keine anderen Bekämpfungsmaßnahmen erforderlich. Alle Maßnahmen, die einen pflanzenstärkenden Einfluss auf die Entwicklung der Maispflanzen haben, tragen zur größeren Widerstandsfähigkeit der Bestände bei, wie z.B. eine frühe Saat, fachgerechte Düngung, Unkraut- und Schädlingsbekämpfung, Bewässerung, standortgerechte Sortenwahl (eventuell jene Sorten bevorzugen, die ein starkes Wurzelwachstum bzw. eine hohe Wurzelregeneration aufweisen).

Die chemische Bekämpfung richtet sich einerseits gegen die Larven, andererseits aber auch gegen die Käfer. Wegen des späten Schlüpftermins der Larven ist eine Saatgutbehandlung bzw. eine Behandlung unmittelbar vor oder zur Saat nur begrenzt Erfolg versprechend, kann aber unter günstigen Bedingungen den Befall deutlich reduzieren. Eine weitere Möglichkeit ist das Spritzen beiderseits der Reihen mit entsprechender Düsenanordnung und erhöhter Wassermenge sowie erhöhtem Druck zum Zeitpunkt des Auftretens größerer Larven (etwa 6 bis 8-Blatt-Stadium). Bei Spritzbehandlungen gegen die Käfer werden vorwiegend Stelzentraktoren zum Einsatz kommen, wobei so lange zugewartet werden soll, bis die Weibchen ihren Reifungsfraß fast beendet haben. Obwohl man dadurch schon einen Teil der Population erfasst, wird u.U. wegen später schlüpfender Käfer sowie Zuflug aus anderen Maisfeldern der Schädlingsdruck wieder steigen. Dadurch könnte eine zweite Behandlung vonnöten sein. Bienenschutzvorschriften unbedingt beachten!

MAISZÜNSLER
Ostrinia nubilalis

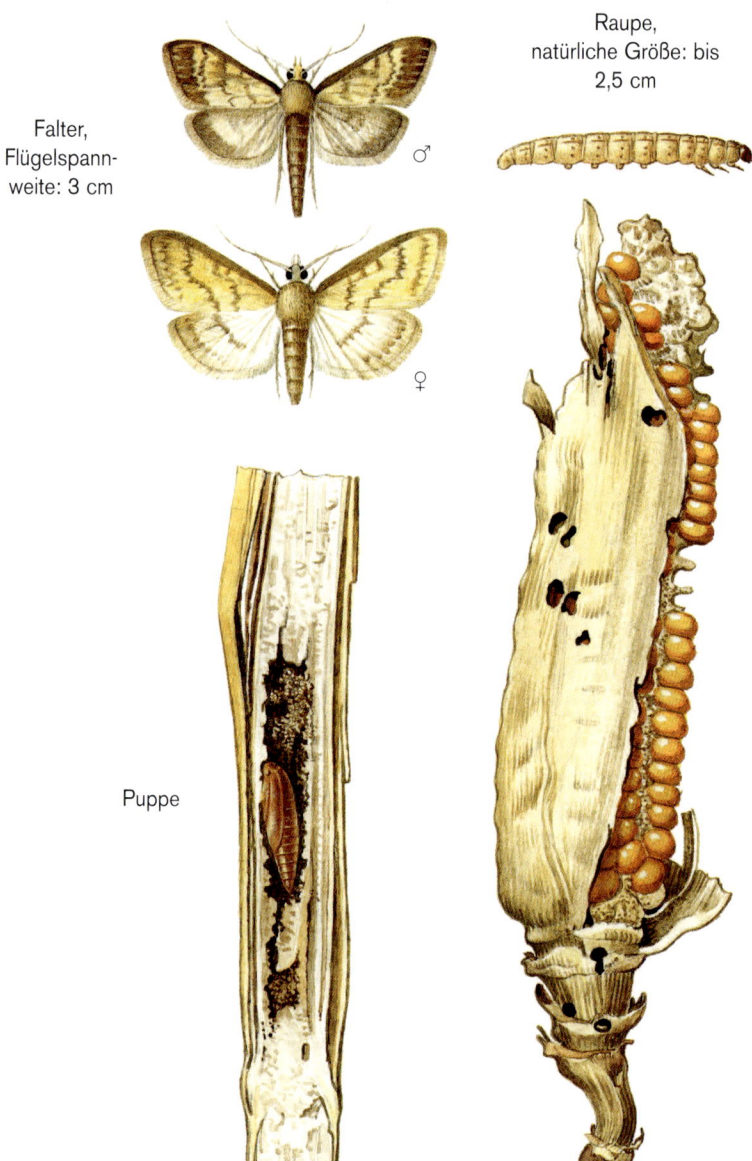

Falter,
Flügelspann-
weite: 3 cm

♂

Raupe,
natürliche Größe: bis
2,5 cm

♀

Puppe

Schaden

Auftreten:
An Körner-, Zucker- und Silomais, an Hirse und Sorghum, manchmal auch an Freilandpaprika. In Trockenjahren mit gelegentlichen Niederschlägen besonders stark.

Erkennung:
Im Sommer an Stängeln, Rispen und Kolben kreisrunde Bohrlöcher mit ausgestoßenem, hellerem Bohrmehl. Später Umknicken der Fahnen, Kolben und der ganzen Pflanzen.

Bedeutung:
In Maiszünslerjahren Störung der Kornausbildung und Notreife durch die Bohrtätigkeit der Raupen in Stängel und Kolben. Umbrechen der Pflanzen unterhalb des Kolbens führt zu weiteren Verlusten bei der mechanischen Ernte. Entstehung von Kolben- und Stängelfusariosen. Bei Silomais Beeinträchtigung der Futterqualität.

Schädling

Der Maiszünsler erscheint Anfang Juni oder kurz davor und beginnt etwa ab Ende des Monats mit der Eiablage. Die aus je 20 bis 30 dachziegelartig angeordneten flachen Eiern bestehenden Gelege heftet das Weibchen an die Blattunterseite, zumeist in der Nähe der Blattrippe. Die Legeperiode erstreckt sich über viele Wochen bis in den August hinein. Die ausschlüpfenden Räupchen bohren sich zunächst in die Blattrippen ein. Zuweilen kommt es auch zu einem wirtschaftlich unbedeutenden Blatt(loch)fraß. Nach der ersten Häutung suchen sie die Stängel auf und dringen in die Basis der männlichen Blüten (Fahnen) vor. Später minieren sie im Stängel abwärts und legen dabei vor allem in der Nähe der Halmknoten Bohrlöcher an und stoßen dort das Bohrmehl aus. Auch in die jungen Kolben dringen sie vor und verursachen dort Schäden, die besonders bei Speisemais und Saatmais wirtschaftlich sehr bedeutend sind. Die Raupe ist nach fünf Häutungen bis zum Herbst erwachsen und dann meist im Strunk der Pflanzen anzutreffen, wo sie überwintert. Die Verpuppung erfolgt im Frühjahr im Schutze oberirdisch liegender Pflanzenteile. Die Puppenruhe dauert nur zwei Wochen.

Bekämpfung

Vorbeugend die Beseitigung aller Strohreste auf dem Acker nach der Ernte, aber bis spätestens Ende März. Stoppeln und Stroh so tief unterpflügen, dass durch nachfolgende Kulturarbeiten nicht wieder Pflanzenteile an die Oberfläche gelangen. Diese Maßnahmen müssen, um einen sicheren Erfolg v. a. bei Saat- und Süßmais zu gewährleisten, in größeren Gebieten von allen Maisbauern lückenlos durchgeführt werden.

Spritzmittel zur chemischen Bekämpfung des Schädlings müssen von einem Stelzentraktor aus ausgebracht werden. Für die Festlegung des richtigen Behandlungszeitpunktes bedient man sich UV-Licht- oder Pheromonfallen (siehe Seite 28 f.). Ist der Mais zum Zeitpunkt einer chemischen Behandlung, dem Flughöhepunkt (etwa Anfang Juli) oder wenige Tage davor, noch so klein, dass man die Felder mit einem Traktor, ohne den Mais zu schädigen, befahren kann, so kann auch dieser für die Durchführung einer Pflanzenschutzmaßnahme herangezogen werden („Meterspritzung").

Spritzmittel sollen die Raupen treffen, bevor sie sich in den Stängel einbohren. Um einen befriedigenden Erfolg u. a. bei Saat- und Süßmais zu gewährleisten, sind bei Spritzmitteln zwei Behandlungen durchzuführen.

Zur biologischen Bekämpfung des Maiszünslers, die jeder chemischen Behandlung vorzuziehen ist, kann aber auch ein Nützling eingesetzt werden. Schlupfwespen der Gattung *Trichogramma (Trichogramma evanescens* var. *maidis)* sind in der Lage, Maiszünsler-Eigelege zu parasitieren. Diese Trichogrammen, die in Laboratorien gezüchtet werden, werden mithilfe von Kärtchen oder Kapseln vom Landwirt ausgebracht. Die Ausbringung der Trichogrammen hat zum Zeitpunkt des Flugbeginns zu erfolgen. Um den Bekämpfungserfolg sicher zu gewährleisten, wird die Ausbringung ein- bis zweimal wiederholt (siehe auch Seite 19 ff).

FELDMAUS
Microtus arvalis

natürliche Größe: 9–10,5 cm (ohne
Schwanz, Schwanzlänge: bis 4 cm)

Schaden

Auftreten:
An allen Halmfrüchten sowie an Mais und Sorghum, besonders stark in Mäusejahren.

Erkennung:
In der Umgebung der an ihren zahlreichen Gangöffnungen erkennbaren Mausbaue sind die Pflanzen junger Getreidekulturen oft bis auf den Grund abgefressen, mitunter sind auch die Saatkörner ausgescharrt und die Keimpflanzen abgebissen; von Beginn der Milchreife an werden die Halme abgebissen, die Ähren verschleppt oder die Körner an Ort und Stelle ausgeschalt. Auf Maisflächen sind die auf dem Boden liegenden oder vom Boden aus erreichbaren Kolben leer geplündert.

Bedeutung:
In Mäusejahren infolge der Schädigung der jungen Kulturen und der Plünderung der Bestände vor der Ernte z. T. erhebliche Verluste am Kornertrag.

Schädling

Die Feldmaus ist überaus vermehrungsfähig. Mit mehreren Würfen im Jahr, zu je vier bis acht Jungen, die bereits nach drei Wochen wieder geschlechtsreif sind, vermag sie günstige Umweltbedingungen rasch und nachhaltig für die Vermehrung auszunutzen. Als Folge des Zusammenwirkens einer Reihe von hemmenden und fördernden Faktoren schwankt ihre Bevölkerungsdichte in ziemlich regelmäßigen drei- bis vierjährigen Perioden; auf ausgesprochene „Mäusejahre" folgen wieder solche, in denen sie kaum in Erscheinung tritt. Als Nahrung bevorzugt die Feldmaus grüne, saftige Pflanzenteile, auskeimende Körner sowie zur Erntezeit vor allem Weizenkörner, die in großen Mengen als Wintervorräte eingetragen werden. Sehr störend und schädlich ist auch ihre intensive Grabtätigkeit, die sie bei der Anlage und Pflege ihrer mit mehreren Ausgängen versehenen Baue entwickelt. Auch reine Fraßgänge, die der Suche nach unterirdischen Pflanzenteilen dienen, werden angelegt. Die Grabtätigkeit wird auch im Winter unter der Schneedecke fortgesetzt.

Bekämpfung

Bei rechtzeitigem Erkennen einer beginnenden Massenvermehrung können begrenzte „Herdbekämpfungen" spätere Großaktionen vermeidbar machen, daher Warnmeldungen beachten.
Giftgetreide: Am Tag vor dem Auslegen auf der zu behandelnden Fläche Gangöffnungen schließen, damit am Folgetag nur die befahrenen Gänge belegt werden können. Giftkörner mittels Legeflinte tief in die Löcher einbringen (fünf bis acht Körner je Loch). Feldraine, Bracheflächen und ähnliche Zufluchtstätten der Feldmäuse in die Bekämpfung einbeziehen.
Begasungsmittel: Gaserzeugende Produkte werden in die Gänge der Feldmäuse eingeschoben und die Löcher wieder verschlossen. Die sich entwickelnden giftigen Gase durchdringen die Mausbaue und töten die Nagetiere.

Entwicklungsstadien bei Getreide und Mais

Entwicklungsstadien des Getreides

BBCH	Beschreibung
0	**Keimung**
00	Trockener Samen
01	Beginn der Samenquellung
03	Ende der Samenquellung
05	Keimwurzel aus dem Samen ausgetreten
06	Keimwurzel streckt sich, Wurzelhaare und/oder Seitenwurzeln sichtbar
07	Keimscheide (Koleoptile) aus dem Samen ausgetreten
09	Auflaufen: Keimscheide durchbricht Bodenoberfläche; Blatt an der Spitze der Koleoptile gerade sichtbar
1	**Blattentwicklung**
10	Erstes Blatt aus der Koleoptile ausgetreten
11	1-Blatt-Stadium: 1. Laubblatt entfaltet, Spitze des 2. Blattes sichtbar
12	2-Blatt-Stadium: 2. Laubblatt entfaltet, Spitze des 3. Blattes sichtbar
1 …	Stadien fortlaufend bis …
19	9 und mehr Laubblätter entfaltet

Bestockung kann erfolgen ab dem Stadium 13; in diesem Fall ist auf Stadium 21 überzugehen.

BBCH	Beschreibung
2	**Bestockung**
21	1. Bestockungstrieb sichtbar: Beginn der Bestockung
22	2. Bestockungstrieb sichtbar
23	3. Bestockungstrieb sichtbar
2 …	Stadien fortlaufend bis …
29	9 und mehr Bestockungstriebe sichtbar

Das Schossen kann schon vor Ende der Bestockung einsetzen; in diesem Fall ist auf Stadium 30 überzugehen.

09

10

11

12

13

21

23

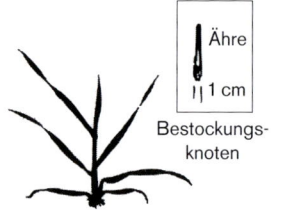

Bestockungs-
knoten

30

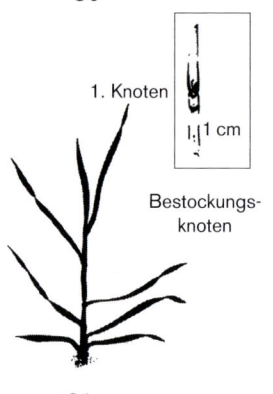

1. Knoten

Bestockungs-
knoten

31

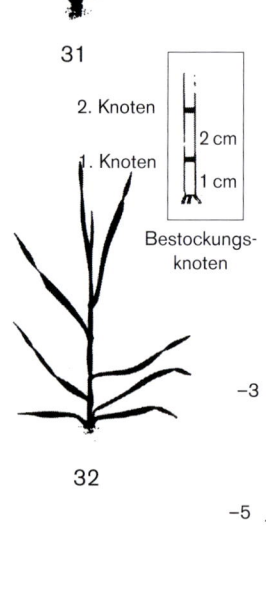

2. Knoten

1. Knoten

Bestockungs-
knoten

32

3	**Schossen (Haupttrieb)**
30	Beginn des Schossens: Haupttrieb und Bestockungstriebe stark aufgerichtet, beginnen sich zu strecken. Ähre mindestens 1 cm vom Bestockungsknoten entfernt.
31	1-Knoten-Stadium: 1. Knoten dicht über der Bodenoberfläche wahrnehmbar, mind. 1 cm vom Bestockungsknoten entfernt
32	2-Knoten-Stadium: 2. Knoten wahrnehmbar, mind. 2 cm vom 1. Knoten entfernt
33	3-Knoten-Stadium: 3. Knoten mind. 2 cm vom 2. Knoten entfernt
3 …	Stadien fortlaufend bis ...
37	Erscheinen des letzten Blattes (Fahnenblatt); letztes Blatt noch eingerollt
39	Ligula(Blatthäutchen)-Stadium: Blatthäutchen des Fahnenblattes gerade sichtbar, Fahnenblatt voll entwickelt

4	**Ähren-/Rispenschwellen**
41	Blattscheide des Fahnenblattes verlängert sich
43	Ähre/Rispe ist im Halm aufwärts geschoben. Blattscheide des Fahnenblattes beginnt anzuschwellen.
45	Blattscheide des Fahnenblattes geschwollen
47	Blattscheide des Fahnenblattes öffnet sich
49	Grannenspitzen: Grannen werden über der Ligula des Fahnenblattes sichtbar

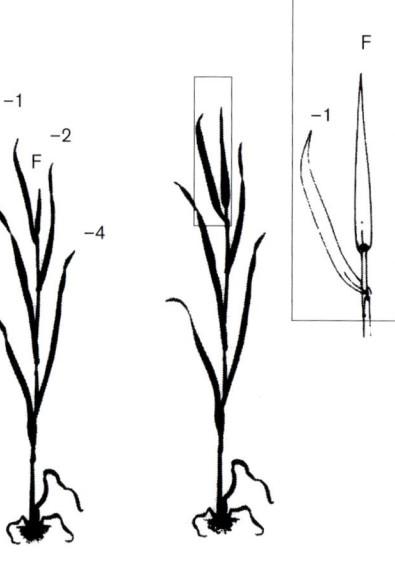

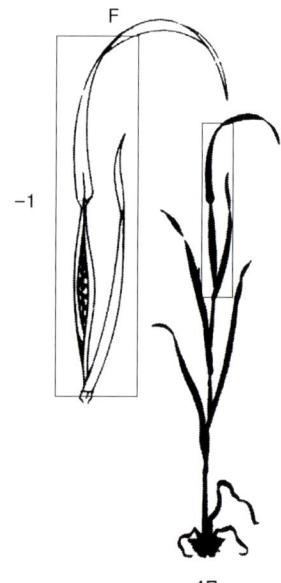

37 39 47

5	**Ähren-/Rispenschieben**
51	Beginn des Ähren-/Rispenschiebens: Die Spitze der Ähre/Rispe tritt heraus oder drängt aus der Blattscheide.
55	Mitte des Ähren-/Rispenschiebens: Basis der Ähre/Rispe noch in der Blattscheide
59	Ende des Ähren-/Rispenschiebens: Ähre/Rispe vollständig sichtbar
6	**Blüte**
61	Beginn der Blüte: Erste Staubgefäße werden sichtbar
65	Mitte der Blüte: 50 % reife Staubgefäße
69	Ende der Blüte
7	**Fruchtentwicklung**
71	Erste Körner haben die Hälfte ihrer endgültigen Größe erreicht. Korninhalt wässrig
73	Frühe Milchreife
75	Mitte Milchreife: Alle Körner haben ihre endgültige Größe erreicht. Korninhalt milchig, Körner noch grün
77	Späte Milchreife
8	**Samenreife**
83	Frühe Teigreife
85	Teigreife: Korninhalt noch weich, aber trocken. Fingernageleindruck reversibel
87	Gelbreife: Fingernageleindruck irreversibel
89	Vollreife: Korn ist hart, kann nur schwer mit dem Daumennagel gebrochen werden
9	**Absterben**
92	Totreife: Korn kann nicht mehr mit dem Daumennagel eingedrückt bzw. nicht mehr gebrochen werden
93	Körner lockern sich tagsüber
97	Pflanze abgestorben, Halme brechen zusammen
99	Erntegut

51

59

73

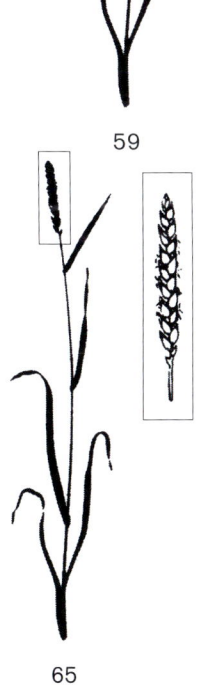

65

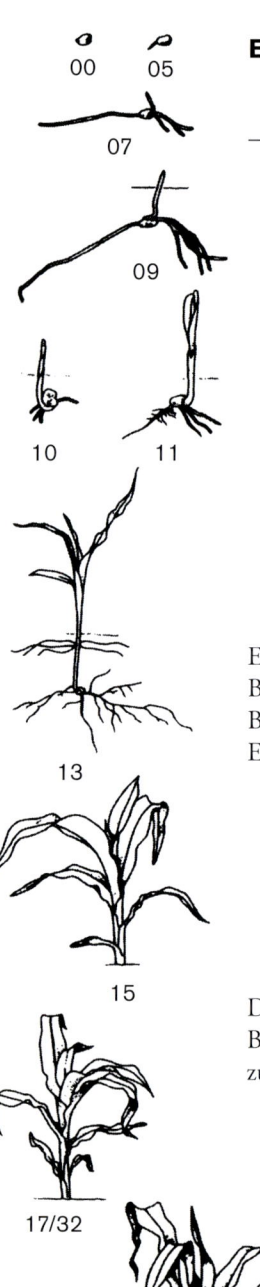

00   05

07

09

10   11

13

15

17/32

34

Entwicklungsstadien des Maises

BBCH	Beschreibung
0	**Keimung**
00	Trockener Samen
01	Beginn der Samenquellung
03	Ende der Samenquellung
05	Keimwurzel aus dem Samen ausgetreten
06	Keimwurzel gestreckt, Wurzelhaare und/oder Seitenwurzeln sichtbar
07	Keimscheide (Koleoptile) aus dem Samen ausgetreten
09	Auflaufen: Koleoptile durchbricht Bodenoberfläche
1	**Blattentwicklung (Hauptspross)**
10	1. Laubblatt aus der Koleoptile ausgetreten
11	1. Laubblatt entfaltet
12	2. Laubblatt entfaltet
1 …	Stadien fortlaufend bis …
19	9 und mehr Laubblätter entfaltet

Ein Blatt gilt als entfaltet, wenn seine Ligula oder die Spitze des nächsten Blattes sichtbar ist.
Bei deutlich sichtbarem Längenwachstum (Internodien gestreckt) ist auf das Entwicklungsstadium des BBCH-Codes 30 überzugehen.

BBCH	Beschreibung
3	**Längenwachstum (Hauptspross); Schossen**
30	Beginn des Längenwachstums
31	1. Stängelknoten wahrnehmbar
32	2. Stängelknoten wahrnehmbar
3 …	Stadien fortlaufend bis …
39	9 und mehr Stängelknoten wahrnehmbar

Das Rispenschieben kann bereits früher einsetzen; in diesem Falle ist auf die BBCH-Codes 50 – Entwicklung der Blütenanlagen; Rispenschieben – überzugehen.

BBCH	Beschreibung
5	**Entwicklung der Blütenanlagen; Rispenschieben**
51	Beginn des Rispenschiebens: Rispe in Tüte gut fühlbar
53	Spitze der Rispe sichtbar
55	Mitte des Rispenschiebens: Rispe voll ausgestreckt, frei von umhüllenden Blättern; Rispenmitteläste entfalten sich
59	Ende des Rispenschiebens: untere Rispenmitteläste voll entfaltet

53

6	**Blüte**
61	Männliche Infloreszenz (Blütenstand): Beginn der Blüte; Mitte des Rispenastes blüht Weibliche Infloreszenz: Spitze der Kolbenanlage schiebt aus der Blattscheide
63	Männliche Infloreszenz: Pollenschüttung beginnt Weibliche Infloreszenz: Spitzen der Narbenfäden sichtbar
65	Männliche Infloreszenz: Vollblüte: obere und untere Rispenäste in Blüte Weibliche Infloreszenz: Narbenfäden vollständig geschoben
67	Männliche Infloreszenz: Blüte abgeschlossen Weibliche Infloreszenz: Narbenfäden beginnen zu vertrocknen
69	Ende der Blüte

63

7	**Fruchtentwicklung**
71	Beginn der Kornbildung: Körner sind zu erkennen; Inhalt wässrig; ca. 16 % TS im Korn
73	Frühe Milchreife
75	Milchreife: Körner in Kolbemitte sind weiß-gelblich; Inhalt milchig, ca. 40 % TS im Korn
79	Art- bzw. sortentypische Korngröße erreicht

8	**Samenreife**
83	Frühe Teigreife: Körner teigartig; am Spindelansatz noch feucht; ca. 45 % TS im Korn
85	Teigreife (= Siloreife): Körner gelblich bis gelb (sortenabhängig); teigige Konsistenz
87	Physiologische Reife: schwarze(r) Punkt/Schicht am Korngrund; ca. 60 % TS im Korn
89	Vollreife: Körner durchgehärtet und glänzend; ca. 65 % TS im Korn

69

9	**Absterben**
97	Pflanze abgestorben
99	Erntegut

89

79

165

Wichtige Fachausdrücke aus dem Bereich des Pflanzenschutzes

Akarizide – akarizide Wirkung
Milbentötende Mittel – milbentötende Wirkung

Aphizid – aphizide Wirkung
Blattlaustötende Mittel – blattlaustötende Wirkung

Appressorium
Haftorgan von Pilzen auf der Wirtspflanze

Ascosporen
Geschlechtlich gebildete Sporen der Askomyzeten (Schlauchpilze)

Ascus (Mehrzahl: Asci)
Schlauchsporen der Schlauchpilze mit meist acht Ascosporen

Chlorose
Vergilbung (durch Chlorophyllverlust) von Pflanzengewebe verursacht durch einen Schadfaktor

Diapause
Bei Insekten Phase ausgeprägter Entwicklungsruhe mit herabgesetztem Stoffwechsel. Sie kann in jedem Entwicklungsstadium eintreten und steht oft in Beziehung zur Überwinterung oder auch Übersommerung der betreffenden Art.

Fraßgifte (Magengifte)
Mittel, die nach Aufnahme durch die Mundwerkzeuge in den Verdauungstrakt der Schädlinge gelangen. Wirksam naturgemäß nur gegen fressende Schädlinge.

Fakultative Parasiten
Wenig spezialisierte parasitische Pilze, die sowohl auf der Pflanze als auch saprophytisch ihre volle Entwicklung abschließen können.

Fungizide – fungizide Wirkung
pilzabtötendes Mittel – Wirkung gegen pilzliche Schaderreger

Generation
Gesamtheit aller etwa gleichaltrigen Exemplare einer Art. Es gibt eine bis mehrere Generationen je Jahr (bei vielen Insektenarten) oder eine Generation erstreckt sich über mehrere Jahre (Engerlinge, Drahtwürmer). Aufeinander folgende Generationen können morphologisch verschieden sein (Generationswechsel).

Gute fachliche Praxis
Produktionstechnik unter Berücksichtigung der Grundsätze des integrierten Pflanzenschutzes. Hierzu zählen u. a. die sachgerechte und bestimmungsgemäße Anwendung von Pflanzenschutzmitteln unter Berücksichtigung wirtschaftlicher und ökologischer Gesichtspunkte.

Hauptfruchtform
Sexuelles Fortpflanzungsstadium der Pilze

Haustorium
Pilzliches Organ zur Nährstoffaufnahme aus lebenden Wirtszellen

Hyphe
Fadenförmige Grundstrukturen der Pilze, Gesamtheit der Hyphen ist das Myzel

Imago
Erwachsenes, geschlechtsreifes Insekt

Indikation
Bestimmtes Anwendungsgebiet von Pflanzenschutzmitteln, z.B. Gelbrost an Weizen

Infektion
Das Eindringen und Festsetzen eines Erregers in einer Wirtszelle

Inkubationszeit
Zeitspanne vom Anlanden der Keime bis zum Auftreten erster Symptome

Inokulum
Vermehrungseinheiten eines Krankheitserregers, die beim Zusammentreffen mit seinem Wirt eine Infektion verursachen können.

Insektizide – insektizide Wirkung
Insektentötendes Mittel – insektentötende Wirkung

Kleistothecien
Kugelige, allseitig geschlossene Fruchtkörper, in denen Ascosporen gebildet werden. Platzen bei der Reife auf.

Ködermittel
Gegen bestimmte Schädlinge wirksame Mittel, die mit einer anlockenden Trägersubstanz gemischt werden (z. B. Kleie, Weizen u. a.)

Kokon

Gespinst, das von Tieren aus reinen oder mit verschiedenen Naturstoffen wie Sand, Holzmehl, eigenen Exkrementen usw. vermischten Spinnfäden verfertigt wird und vornehmlich als Schutzhülle für Puppen, Eier u. a. dient

Konidien, Konidiosporen

Asexuell entstandene, ein oder mehrzellige Vermehrungsorgane vieler Pilze

Kontaktgifte (Berührungsgifte)

Mittel, die über die Oberfläche von Schadorganismen bzw. über die vor diesen zu schützenden Pflanzenoberflächen auf verschiedene Weise zur Wirkung kommen.

Larven

Die Jugendstadien verschiedener Tiergruppen. Bei Insekten die Stadien ab Verlassen des Eis bis zum Imago (Insekten mit direkter Entwicklung) bzw. bis zur Puppe (Insekten mit indirekter Entwicklung). Im letzteren Fall sind Gestalt und Lebensweise der Larven meist anders als beim voll entwickelten Tier. Die Zahl der Larvenformen ist sehr groß; es lassen sich aber darunter einige besonders häufige Typen unterscheiden, wie z. B. Raupen, Afterraupen, Engerlinge, Maden usw.

Larvizide – larvizide Wirkung

Larventötende Mittel – larventötende Wirkung

Maden

Fuß- und kopflose Larven der Fliegen und Mücken

Mykotoxine

Pilzliche Stoffwechselprodukte, die bereits in sehr geringen Mengen für Warmblüter toxisch sind.

Myzel

Gesamtheit der Hyphen eines Pilzes

Nebenfruchtform

Das ungeschlechtliche Fortpflanzungsstadium bei Pilzen

Nekrose

Örtlich begrenzte, abgestorbene (nektrotische) Gewebezone, häufig in Form brauner Flecken

Obligat biotrophe Parasiten

Können sich nur von lebenden Zellen ernähren (z. B. Viren, Echte Mehltaupilze, Rostpilze)

Oospore

Aus befruchteter Eizelle hervorgegangenes dickwandiges Dauerorgan

Pestizide

Aus dem Englischen übernommener Überbegriff für Schädlingsbekämpfungsmittel. Im weitesten Sinn zählen dazu sämtliche Pflanzenschutz- und Tierhygienemitttel. Im engeren Sinn werden darunter nur Mittel zur Bekämpfung von Schädlingen (pests), d. h. Insektizide und Akarizide, verstanden.

Pheromone

Allgemein: Im Körper von Tieren gebildete Stoffe, die bei anderen Individuen der gleichen Art, zuweilen auch einer anderen Art, eine bestimmte Reaktion auslösen, also gleichsam „chemische Sendboten zwischen Individuen" sind.
Hier: Von weiblichen Insekten produzierte Sexuallockstoffe, welche die Männchen anlocken.

Phytotoxizität

Schädlichkeit eines Pflanzenschutzmittels gegenüber der zu behandelnden Kulturpflanze. Pflanzenschutzmittel können phytotoxische Wirkungen ausüben, wenn z. B. die vorgeschriebene Konzentration überschritten, die Empfindlichkeit von Pflanzenarten oder -sorten gegenüber Pflanzenschutzmitteln nicht berücksichtigt, der Anwendungszeitpunkt ungünstig gewählt wird oder wenn die Witterungseinflüsse ungünstig sind.

Puppe

Ruhestadium bei Insekten mit vollkommener Verwandlung, in der die Umformung des Körpers von der Larve zum Imago vor sich geht. Nach der äußeren Form lassen sich verschiedene Typen unterscheiden:
Freie Puppe: Die Anlagen der Beine und Flügel stehen frei vom Körper ab (viele Käfer, Hautflügler)
Mumienpuppe: Körperanhänge sind mit dem Körper verschmolzen (Schmetterlinge, Marienkäfer, Faltenmücken)
Scheinpuppe: Ruhende Larvenform, die in der erhärteten Haut des vorangegangenen Larvenstadiums liegt (Ölkäfer)
Tönnchenpuppe: Freie Puppe der höheren Fliegen, die in einem aus den stark erhärteten letzten Larvenhäuten bestehenden Tönnchen verborgen liegt.

Raupe

Mit Brustbeinen und Afterfüßen versehene Jugendstadien der Schmetterlinge, Schnabelfliegen und Blattwespen. Letztere werden meist als Afterraupen bezeichnet.

Pyknidien

kugeliger oder flaschenförmiger Fruchtkörper mit ungeschlechtlich gebildeten Sporen

Resistenz

- Grundsätzliche Befähigung eines Organismus, den Angriff eines potenziellen Schaderregers bis zu einem bestimmten Grade abzuwehren oder der Wirkung eines schädlichen Agens zu widerstehen.
- Die Erscheinung, dass einzelne Schadenserreger (Insekten, Pilze, Unkräuter) gegen bestimmte Wirkstoffe widerstandsfähiger als im Normalfall sind. Resistenz kann sich beispielsweise durch falsche Dosierungen (Unterdosierungen) einstellen und auf die Nachkommen vererben.
- Genetisch festgelegte Eigenschaft einer Pflanze, die Vermehrung eines Schaderregers zu hemmen bzw. herabzusetzen. Gegenteil von Anfälligkeit.

Saprophyt

Organismus, der sich von totem organischem Substrat ernährt, das er nicht selbst abgetötet hat

Sklerotium

Dauerorgan aus verdichtetem Pilzmyzel, welches gegen ungünstige Umwelteinflüsse widerstandsfähig ist

Sporulation

Bildung von Pilzsporen

Systemische Präparate

Pflanzenschutzmittel, die von der Pflanze durch die Blätter oder über das Wurzelsystem aufgenommen und im Saftstrom weitergeleitet werden

Virus

Submikroskopisch kleine Krankheitserreger aus Nukleinsäuren und einer Eiweißhülle; die Viren sind auf lebende Wirtspflanzen angewiesen, da sie keinen eigenen Stoffwechsel besitzen

Zoospore

In Wasser bewegliche Sporen mit ein bis zwei Geißeln, die ungeschlechtlich entstanden sind

Zyste

Dauerstadium der Fadenwürmer, bestehend aus der verhärteten und aufgeblasenen Haut des abgestorbenen Nematodenweibchens mit den Eiern und Junglarven

Weiterführende Literatur

AUST, H.-J., BOCHOW, H., BUCHENAUER, H., BURTH, U., MAISS, E., NIEMANN, P., PETZOLD, R., POEHLING, H.-M., SCHRADER, G., SCHÖNBECK, F., STENZEL, K. (2005): Glossar phytomedizinischer Begriffe. Schriftenreihe der Deutschen Phytomedizinischen Gesellschaft, Band 3, 3. ergänzte Auflage, Verlag Eugen Ulmer, Stuttgart.

ENTRUP, N. L., OEHMICHEN, J. (2000): Lehrbuch des Pflanzenbaues, Band 1: Grundlagen, Verlag Th. Mann, Gelsenkirchen-Buer.

ENTRUP, N. L., OEHMICHEN, J. (2000): Lehrbuch des Pflanzenbaues, Band 2: Kulturpflanzen, Verlag Th. Mann, Gelsenkirchen-Buer.

BLÜMEL, S., FISCHER-COULBRIE, P., HÖBAUS, E. (2006): Nützlinge: Umweltgerechter Pflanzenschutz, Verlag avBuch.

FREYER, B. (2003): Fruchtfolgen, Verlag Eugen Ulmer, Stuttgart.

HÄNI, F., POPOW, G., REINHARD, H., SCHWARZ, A., TANNER, K., VORLET, M. (1986): Integrierter Pflanzenschutz im Ackerbau, Verl. Landwirtschaftliche Lehrmittelzentrale, Zollikofen.

HEINZE, K. (1983): Leitfaden der Schädlingsbekämpfung, Band III: Schädlinge und Krankheiten im Ackerbau, WVG, Stuttgart.

HURLE, K., MEHRTENS, J., MEINERT, G. (2005): Mais – Unkräuter, Schädlinge, Krankheiten, Verlag Th. Mann, Gelsenkirchen-Buer.

HEITEFUSS, R., KÖNIG, K., OBST, A., RESCHKE, M. (1999): Pflanzenkrankheiten und Schädlinge im Ackerbau, dlg Verlag.

HOFFMANN, G. M., SCHMUTTERER, H. (1999): Parasitäre Krankheiten und Schädlinge an landwirtschaftlichen Kulturpflanzen, Verlag Eugen Ulmer, Stuttgart.

MATHE, D. E. (1997): Compendium of Barley Diseases. The American Phytopathological Society, St. Paul, Minnesota/USA, 2nd Ed.

OBST, A., GEHRING, K. (2002): Getreide – Krankheiten, Schädlinge, Unkräuter, Verlag Th. Mann, Gelsenkirchen-Buer.

SCHÖBER-BUTIN, B., GARBE, V., BARTELS, G. (1999): Farbatlas Krankheiten und Schädlinge an landwirtschaftlichen Kulturpflanzen, Verlag Eugen Ulmer, Stuttgart.

STUBBS, R. W. et al. (1986): Cereal Diseases Methodology Manual, CIMMYT, Mexiko.

SZITH, R. (2008): Handbuch für den Sachkundenachweis im Pflanzenschutz. Ausgabe 2008. Österreichische Arbeitsgemeinschaft für integrierten Pflanzenschutz, 1045 Wien, Wiedner Hauptstraße 63.

WHITE, D. G. (1999): Compendium of Corn Diseases, The American Phytopathological Society, 3rd Ed.

WIESE, M. V. (1987): Compendium of Wheat Diseases, The American Phytopathological Society, 2nd Ed.

Bildnachweis

Umschlag:
Fotolia – ginetto60
Fotolia – Franz Pfluegl
Inhalt:
Archiv Institut für Pflanzengesundheit: Seite 19 u. l., 19 u. r., 20 o., 20 u., 28, 29 l., 46, 102 u., 106, 108 r., 110 l., 147 r.
Besenhofer, G.: Seite 37, 38, 40, 44, 54, 58, 64, 68, 70, 76, 78, 80, 82, 86, 88, 94, 96, 98, 102 o. l., 102 o. r., 104
Bildagentur Waldhäusl www.waldhaeusl.com: Seite 108 l.
Cate, P.: Seite 17, 29 r., 152 l. u.
Dukat, W.: Seite 19 o., 110 r., 147 l., 152 o., 152 M., 152 u. r., 153
Kohlhaas, P. P.: Seite 14, 15, 16, 36, 42, 48, 56, 60, 66, 72, 74, 92, 112, 114, 116, 118, 120, 122, 126, 128, 130, 132, 134, 136, 138, 140, 143, 146, 149, 150, 156, 159
Leuchtner, R.: Seite 124
Plank, M.: Seite 49, 62, 100
Huss, H.: Seite 50, 52, 90
Oberforster, M.: Seite 84
Biermaier, M.: Seite 23 o.
Cereal Disease Methodology Manual (1986): Seite 26
Ciba-Geigy: Bestimmungsschlüssel für Pilzkrankheiten an Getreide: Seite 27 o.
Heinze (1983): Leitfaden der Schädlingsbekämpfung: Seite 27 u.
Kompendium der phänologischen Entwicklungsstaduen mono- und dikotyler Pflanzen (Erweiterte BBCH-Skala), 2. Auflage; Gemeinschaftsarbeit des Julius-Kühn-Instituts (Bundesforschungsinstitut für Kulturpflanzen, JKI), des Bundessortenamtes (BSA) und des Industrieverbandes Agrar (IVA) unter Mitwirkung anderer Institutionen: Seiten 161–165 (Skizzen)

Index der Schadorganismen